JN165200

深海艇で行く 1500 m の海底……

1 cm
北極圏ではコケを掘り返してカビを探し……
熱帯に氷河があると聞けば歩き続け……

地衣類の美しさを愛で……

砂漠で水分を絞り……

世界の屋根でバター茶を飲み……
暗い林を歩き……

100 m の木にのぼり……
へんてこ植物を発見したり……

動物もへんてこ……

ふつうに観光もするけど……
やっぱり生きものはふしぎで……

無重力状態での反応も知りたい。
でも、まずは身近なところから！

生物学者、地球を行く

まだ知らない生きものを調べに、深海から宇宙まで

日本生態学会 北海道地区会　編
小林 真・工藤 岳　責任編集

文一総合出版

巻頭 カラーページの説明

①
沖縄トラフの熱水生態系（©JAMSTEC）
→ p. 10

②
上左：北極で採集したコケ群落の層構造
上右：北極、エルズミア島の極オアシス（2点撮影 大園 享司）
→ p. 32
下：ケニア、ルウェンゾリ山の氷河（撮影 植竹 淳）
→ p. 81

③
上：北海道、十勝岳の岩上にはりついた地衣類たち（撮影 志水 顕）
→ p. 89
下：サハラ砂漠の風景（撮影 前野ウルド浩太郎）
→ p. 112

④
上：チベット高原の風景（撮影 廣田 充）
→ p. 104
下：マレーシアの熱帯雨林の暗い林床（撮影 飯田 佳子）
→ p. 141

⑤
上：樹高 100 m を超えるレッドウッドの枝上から森を望む（撮影 石井 弘明）
→ p. 147
下：光合成をやめた植物、ホンゴウソウ（左）とクロシマヤツシロラン（右）（撮影 末次 健司）
→ p. 155

⑥
ボルネオ島の固有種、テングザル（撮影 松田 一希）
→ p. 160

⑦
上：苔寺として知られる西芳寺（撮影 大石 善隆）
→ p. 189
下：北海道にほぼ固有のカタツムリ２種。ヒメマイマイとエゾマイマイ（撮影 森井悠太）
→ p. 204

⑧
上：飛行機を使った微小重力状態で訓練する日本人宇宙飛行士（提供 JAXA）
→ p. 219
下：道路標識の鋼管に巣をつくったスズメ（撮影 三上 修）
→ p. 180

はじめに

数か月も太陽が沈まないツンドラ、クジラの骨が横たわる静かな深海、数十キロ先まで植物が生えてない砂漠、鬱蒼とした密林にながれる濁った川。クイズ番組や写真集などで見かける変わった景色は、見慣れた世界地図の中にたくさんの不思議な自然が存在していることを実感させてくれます。気候が温暖な日本の、快適な街の中で暮らす私たちにとって、これらの不思議な自然は、時としてとても厳しい「極限環境」のように見えるかもしれません。そして、そんな極限環境に暮らす生物は、私たちがふだん目にする生きものたちの様子からは想像もつかない、変わった生活をしていることでしょう。しかし、視点を変えてみると、私たちがいつも目にしているアスファルトやビルに囲まれた都市は、野生生物たちにしてみればとても厳しい環境なのかもしれません。

そうした環境と生物のかかわりを研究する生物学の分野があります。それは、生態学（エコロジー）と呼ばれています。生態学では、「地球上にはどうしてこんなにも多くの生物が進化し、繁栄しているのか」という基本的な疑問から、「気候変動は地球の生態系にどのような影響を及ぼすのか」といった環境問題まで、幅広い分野を扱います。この本を書いたのは、そんな研究を続けている、三二人の生態学者です。もちろん、私もその一人。

私たちは、偶然か必然か、さまざまな極限環境に魅せられ、予期せぬハプニングにも懲りずに足しげくフィールド（調査地のこと。愛着をこめてこうよびます）に通いながら、どんな教科書にも載っていない、つまりは地球の誰もまだ知らない「なぜ、どうやって、こんな場所に生物がすんでいるのか？」という疑問を明らかにしようとしています。生物たちの未知の生きざまが持つ、進化の末にたどりついた「適応的な意味」を明らかにできたとき、時空を超えたロマンに触れたように感じます。

ある生物の生存戦略から見えてくる「生きるうえでの合理性」は、決して特殊な世界にすんでいるへんてこな生物だけに当てはまるものではなく、実は身近な生物たちも利用しているものだったりすることもあります。このような生物が持つ生きる術は、私たち人間にも多くのヒントを与えてくれるに違いありません。

この本では、極地、高山、砂漠、そして深海はもとより、熱帯雨林、都市、そして宇宙をも視野に入れた、ありとあらゆる極限環境にすむ生物の巧みな生きざまを一挙に紹介します。できるだけわかりやすい表現をこころがけ、生物、自然、そして旅が好きな人まで、幅広い方に楽しんでいただくことを意識してまとめたつもりです。ふつうは行かれない（行きたいとも思わない？）ところもありますが、それぞれのフィールドへのアクセス情報も紹介しました。生きものだけでなく、時には声を出して笑ってしまうような研究者たちの「生態」にも触れて、私たちが住む地球の「一歩深い楽しみ方」を、そして生態学という学問の魅力を、みなさんと共有できたらうれしく思います。

この本を読み終える頃には、あなたも次の休みに極限生物を見に行こうかと、旅の切符を予約しはじめている……のではないでしょうか？

二〇一八年一月

工藤 岳・小林 真

生物学者、地球を行く

まだ知らない生きものを調べに、深海から宇宙まで

目次

深海と大海原へ

深海生物——光合成に頼らないで生きる工夫　藤倉 克則　10

鯨（くじら）が支える深海底のオアシス　藤原 義弘　18

北の海に未知なる生命を求めて——環境ＤＮＡの挑戦　荒木 仁志・宮 正樹 ほか　24

南極、北極とその周辺へ

カビが映し出す北極と南極の極限環境　大園 享司　32

北極圏の「ミステリー・サークル」　小林 真　39

行き先別目次

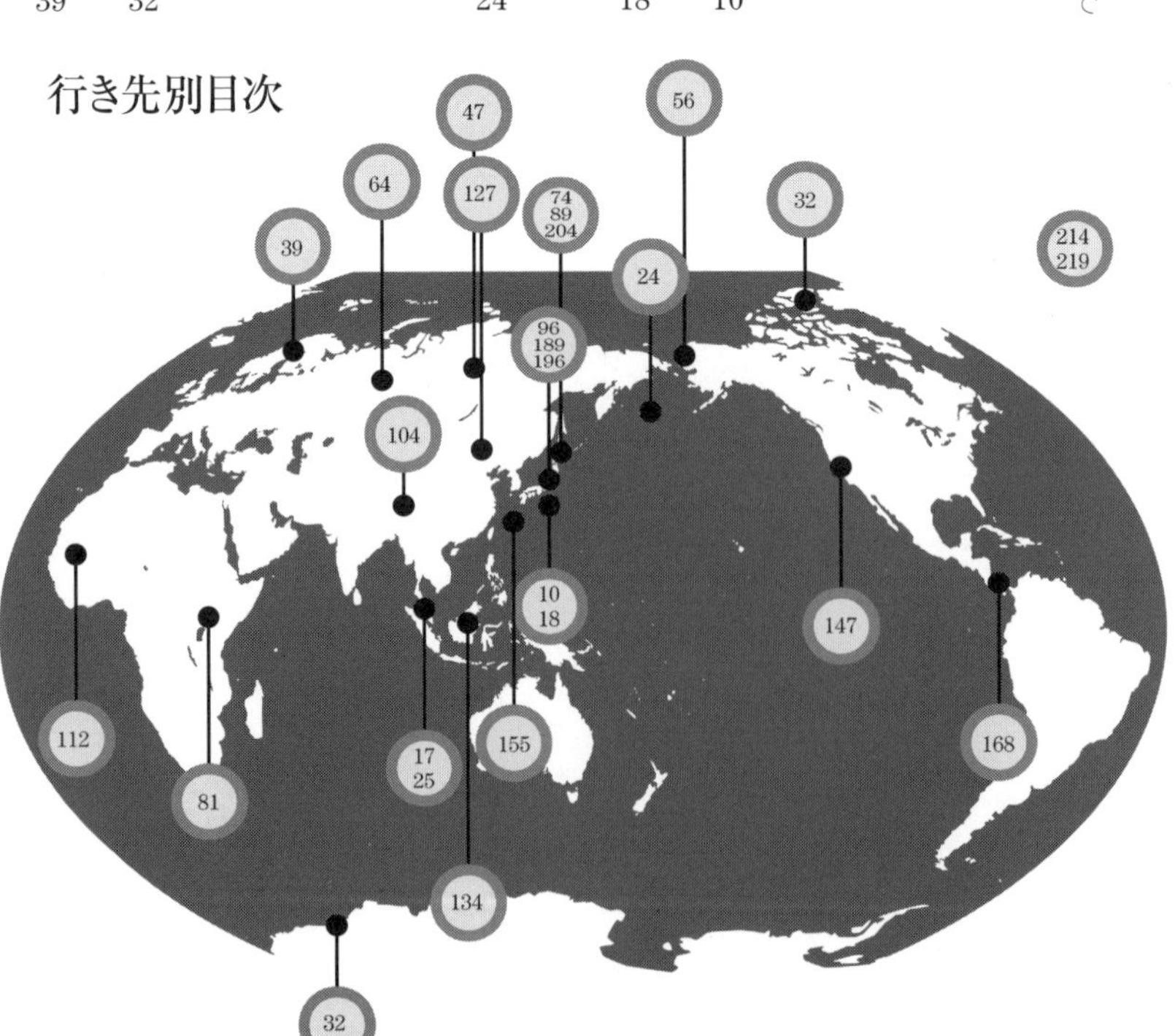

シベリアの永久凍土を生き抜く樹木　梶本卓也　47
ツンドラファイヤー
永久凍土帯の野火が生態系に与える影響　露崎史朗　56
前人未踏の地にササラダニを求めて　島野智之　64

山へ

温帯に浮かぶツンドラ：高山植物の生きざま　工藤岳　74
熱帯の氷にすむ生物　植竹淳　81
火山に生きる地衣類を調べる　志水顕　89
キノコが森をつくる⁉
不毛の大地で助け合う樹木と菌　奈良一秀　96

世界の屋根、
チベット高原の広大な草原に迫る危機　廣田充　104

乾燥地へ

サハラ砂漠にバッタを求めて　前野ウルド浩太郎　112
空中に種子を貯める砂漠の一年草　成田憲二　119
乾燥草原で、生物多様性の役割を考える　佐々木雄大　127

森へ

熱帯雨林で起こる「森のお祭り」の
メカニズムを解き明かせ！　市栄智明　134
過酷な熱帯林の林床を生き抜く実生たち　飯田佳子・北島薫　141

樹高一〇〇メートルの世界から　石井弘明・東若菜　147
暗闇でひっそり生きる、光合成をやめた不思議な植物　末次健司　155
ウシのような胃をもち、ヒトのような社会でくらすサル　松田一希　160
農業をするアリ、ハキリアリの小宇宙　村上貴弘　168

都市でも

都市環境――ヒトの文化が生物の暮らしに最も強く影響する空間　三上修　180
健気に、たくましく、そしてときにはしたたかに……「都市のコケ」　大石善隆　189
都会の中の「孤島」に生きるチョウたち　曽我昌史　196
都市近郊で殻を振り回すカタツムリ　森井悠太　204

宇宙へ！

宇宙のクマムシ　堀川大樹　214
植物にとっての重力とは？　コケ、宇宙へ！　久米篤　219

深海と大海原へ

太陽の光が届かない深海や、北極に近い海のど真ん中。調査船がなければ到達することはもちろん、水がある以外の姿を想像することすら難しいこれらの生態系は、私たちの想像通りに、寒さ、圧力、そして光がわずかしか届かないなど、厳しい環境条件がフルコースで揃っている。しかし、最新の無人探査船や遺伝子を使った分析技術で、そこにすむ生きものの姿を垣間見ることができるようになった。それによって、それぞれの環境に特化した実に多様な生物たちが、お互いに支えあいながら独特な生態系を形づくっていることがわかってきた。ワクワクするような疑問の答えを、そしてロマンを求めて海にくり出す生物学者たち。この章では、現代版の『海底二万マイル』ともいうべきその航海日誌を紹介しよう。

深海生物――光合成に頼らないで生きる工夫

ふじくら　かつのり
藤倉　克則
海洋研究開発機構
(JAMSTEC)
専門は
深海生物学

◀上：シロウリガイ類が密集する湧水生態系。相模湾，水深1106 m。(©JAMSTEC)
下：ゴエモンコシオリエビとシンカイヒバリガイ類が密集する熱水生態系。沖縄トラフ，水深1526m。(©JAMSTEC)

水深二〇〇〇メートル超える深海で生物を研究するには、有人潜水調査船は強力な調査機器である。潜水調査船は、目標地点あたりで支援母船から海表面に降ろされ、そこから海底の目標地点まで一気に潜航する。有人潜水調査船「しんかい６５００」で水深六五〇〇メートルまで潜航するには、約二・五時間かかる。

相模湾(さがみ)の深海底に潜航して海底を観察していると、泥で覆われた海底が一変し、見わたす限りシロウリガイ類やシンカイヒバリガイ類といった二枚貝が一面に分布し、ここは本当に深海底か？と疑いたくなるような光景に出会う。沖縄の西にある沖縄トラフの水深一五〇〇メートルの海底では、それまでは岩や砂で覆われた海底から、三〇〇℃にもおよぶ熱水が噴き出し、周りにはゴエモンコシオリエビやシンカイヒバリガイ類が、まるで自分たちだけのパラダイスをつくるかのように大量に生息している。深海にもかかわらず、これらの生物群集の生物量はばく大で、一平方メートルあたり数十キログラムにも達する。ここでは、我々人間から見たら極限環境にあるこれらの場所に、なぜ大量の深海生物が暮らせるのかを考えてみたい。

海底下からわき出す化学物質に支えられた生態系

生物の食物連鎖は、太陽光をエネルギーにして植物が有機物を合成する生産者になり、それを草食動物が食べ、草食動物は肉食動物に食べられるという構造が一般的で、これは

光合成に依存した生態系と言える。深海生物もこの仕組みに組み込まれているが、深海には光が少なく、生産者がいる場所から離れているので、食べ物が少なくなり、生息できる生物の量も少なくなる。

しかし、深海底の一部には、化学物質をエネルギーにして「化学合成」を行う細菌などが生産者となる食物連鎖があり、「化学合成生態系」と呼ばれる。この存在は、地球の生態系は光合成のみならず化学合成でも駆動していることを大きく打ち出した、深海生物学上の最大の発見ともいえる。

化学合成生態系はどこにあるのか

化学合成生態系の生産者である細菌などは、硫化水素やメタンといった化学物質が酸化するときに生じるエネルギーを使って、海水中の二酸化炭素などから有機物を合成して育つ。動物はそれら細菌を直接食べたり、細胞内もしくは細胞外に共生させて栄養を得ている。

深海で硫化水素やメタンが大量に供給されるのは、活動的な海底火山がある場所である。プレートテクトニクスで説明されるように、海洋プレート（海底）は地球内部からマグマが出てきて常に新しく生み出され、古くなった海洋プレートは地球の内部に沈み込む。海洋プレートが生み出される場所は中央海嶺と呼ばれ、マグマが海底付近までわき上がっていることから、活動的な海底火山がたくさんある。また、海洋プレートが沈み込むと、マグマが発生し、地殻が引き伸ばされることで薄くなって、活動的な海底火山がたくさんできる（背弧海盆）。このような場所に、火山活動にともなって熱水（三〇〇℃を超える場合もある）が噴出し、その周りに化学合成生態系の一つのタイプである「熱水生態系」がつくられる。また、海洋プレートの沈み込み域や天然ガス、原油がある場所では活断層に沿ってメタンが湧きだし、熱水生態系とは別タイプの化学合成生態系、「湧水生態系」がつくられる。

日本周辺は、四枚のプレートがぶつかり合っている、世界的にもユニークな場所であるため、背弧海盆（沖縄トラフ、伊豆・小笠原諸島海域）や沈み込み域（日本海溝・南海トラフ・相模湾など）が発達し、熱水生態系も湧水生態系もたくさん見つかっている。

化学合成生態系で生きる工夫

化学合成生態系がつくられる場所は、硫化水素やメタンが高濃度にある深海底である。硫化水素は多くの動物にとって有害となる。そのような場所で動物が生きるためには、硫化水素やメタンを利用するだけでなく、耐える機能も必要になる。化学合成生態系に固有な動物は、環形動物（ミミズやゴカイの仲間）、二枚貝、腹足類（巻き貝の仲間）、甲殻類（エビやカニの仲間）、刺胞動物（イソギンチャクなどの仲間）などがいるが、それらの多くが共生細菌から栄養を得ている。共生の様式はバラエティに富み、細胞内もしくは細胞外に共生者がいる場合もあり、獲得方法もメスの親から受け継ぐものもあれば世代ごとに環境から取り込むものもある。

先に見た写真のように、甲殻類のゴエモンコシオリエビは熱水噴出孔に接近して大集団で生息しているが、腹側にある毛の表面でえさとなる細菌を共生させている。以前、この種を採集するために、「甲殻類だから肉食だろう」と考え、マサバをエサとしたわなを仕

◀シロウリガイ類が硫化水素を吸収する過程。断層に沿って海底下に含まれるメタンが海底面にわき出してくる。海水中からは硫酸イオンが海底の下にしみこむ。メタンと硫酸イオンがちょうど混ざる層（海底下 20cm くらいまで）で、細菌が両方の化学物質を使って硫化水素をつくり出す。シロウリガイ類は泥に突き刺さるようにして硫化水素がある層に足を伸ばし、足から硫化水素を取り込む。

掛けたことがあるが、彼らは見向きもしなかった。

環形動物のハオリムシ類は、細胞内に共生させた細菌に完全に栄養を依存しており、そのためか口から肛門に至る消化器系を持たない。最初にガラパゴス沖で発見されたガラパゴスハオリムシは、長さ二メートル、太さ三センチメートル、エラとソーセージのような袋（栄養体）から構成されるというユニークさから、当初は分類学上で新たな「門」が提唱されたほどである。現在は、詳細な形態や遺伝子解析からミミズなども含まれる環形動物門に位置している。

シロウリガイ類と共生細菌

二枚貝のシロウリガイ類は約一〇〇種おり、エラの細胞内に硫黄細菌を共生させ栄養分を得ているため、通常の二枚貝のようにエラに海水を通過させ、含まれている粒子をとる「ろ過食」を行わない。また、この二枚貝はヒトの血液のようにヘモグロビンを含む赤い血液をもつ。日本周辺からは約二〇種が確認され、そのうちシマイシロウリガイは、相模湾の湧水生態系と沖縄トラフの熱水生態系にいる。この二枚貝は、海底の堆積物中に突き刺さるように密集し、海底の泥に含まれる硫化水素を足から吸収し、血液で共生細菌まで運ぶ。

シロウリガイ類も普通の動物のように酸素は必要で、ヒトの血液と同じように海水中の酸素をヘモグロビンにくっつける。ヒトの血液のヘモグロビンは、酸素と硫化水素がある場合は、ヘモグロビンとくっついてしまい酸素をくっつけられなくなる。しかし、シロウリガイ類の血液は、硫化水素を特殊なタンパク質に結合させ、ヘモグロビンと硫化水素の

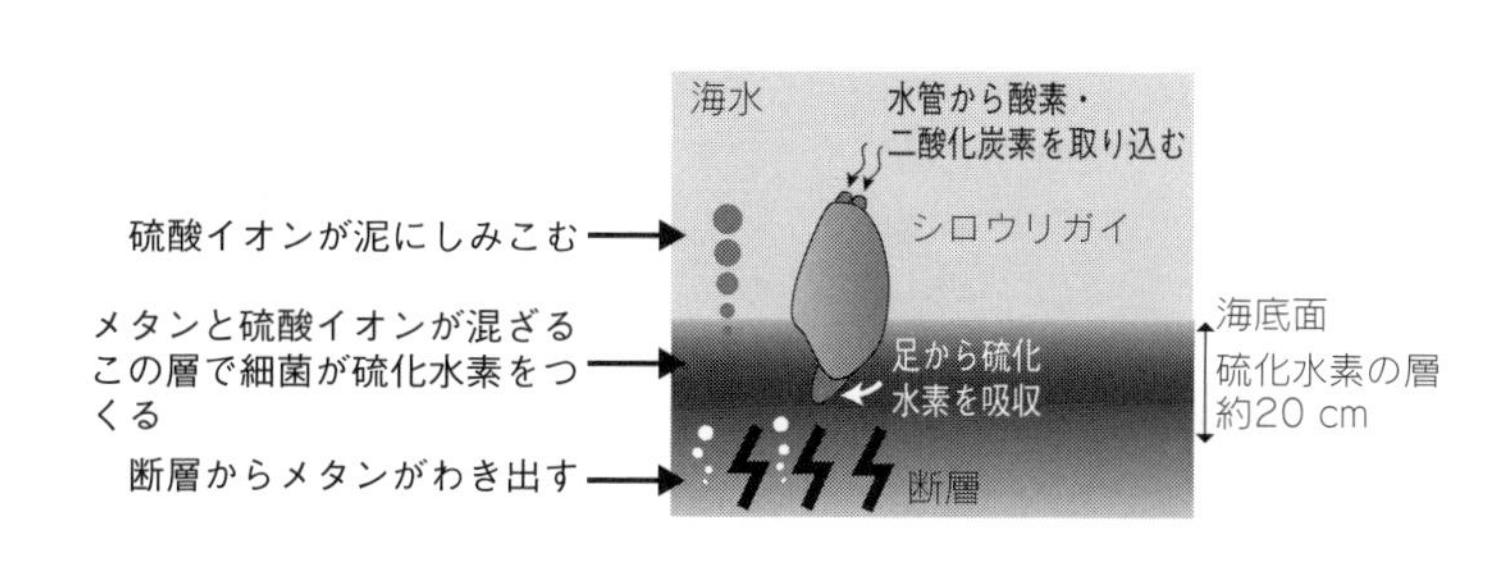

結合を防ぎ、酸素とくっつき体内に酸素を運ぶことができる。これは、まさに高濃度の硫化水素環境に生きる工夫で、ヒトの血液と機能が異なる。

シマイシロウリガイの共生細菌は、ミトコンドリアのように卵(らん)から次世代に伝染する。ちなみに、これまで卵内に細菌がいると思われていたが、卵を詳しく観察したところ卵の外に細菌がいることがわかった。私たちの細胞内にもあるミトコンドリアのような小器官は、過去に微生物が共生し長い時間をかけて細胞内小器官になった。その過程で、私たちの祖先は共生者から新たな機能を獲得したと言われる。つまり共生は、生物の進化メカニズムを考えるうえで重要な現象である。シマイシロウリガイの共生細菌のゲノムサイズは、自由生活をする細菌とミトコンドリアの中間くらいまで小さくなっており、細胞内小器官への移行過程にあるとも考えられている。よって、この共生細菌と宿主であるシマイシロウリガイの関係から、細胞内小器官の成立、ひいては生物進化のメカニズムにも迫れるのではないかと思っている。

自分でも栄養を摂るシンカイヒバリガイ類

シンカイヒバリガイ類は約二〇種おり、エラの細胞内にメタン細菌もしくは硫黄(いおう)細菌、あるいは両者を共生させている。栄養分は、これらの共生細菌から得ているだけでなく、通常の二枚貝のようにろ過食も行っている。相模湾や沖縄トラフに生息しメタン細菌を共生させるシンカイヒバリガイ類は、栄養分の一部を共生細菌に依存しているだけでなく、共生細菌と絶妙な連携プレーをしている。二枚貝など動物は、細胞膜にコレステロールが必要である。通常、二枚貝はコレステロールをえさから得ている。しかし、この二枚貝は、共生細菌がステロールの原材料を合成し、それを宿主（シンカイヒバリガイ類）に渡し、その原材料を使って宿主がコレステロールを合成しているようだ。このようにバトンタッチをする共生現象も、極限環境で繁栄する戦略なのであろう。

技術開発と科学の共進化

自然の研究は、自然を観察し、疑問を見つけ、仮説をたて、観測・分析・実験をし、仮説を検証するというステップで進められる。深海研究では、最初のステップの「自然を観察する」ことが難しかったわけだが、ここ数十年で潜水調査船や無人探査機を使えるようになってから一変した。化学合成生態系がある場所は、急斜面や海底火山など複雑な海底地形になっているため、調査船からワイヤーで採集機器を使えない。潜水調査船や無人探査機で、そのような場所を調査できるようになったため化学合成生態系の発見にいたった。そして、これまでの常識とは異なる生態系、共生から迫る生物進化のメカニズムという生物学の広がりや根幹的な課題へとつながっている。さらには、メタンや熱水活動があれば生物は存在できることがわかったので同じような環境がある星に生命がいる可能性、つまり地球外生命の探索にまで深海の化学合成生態系研究は広がりを見せている。これまでできなかったことができるようになる、つまり技術開発と科学の共進化は、とても重要なのである。

▲熱水噴出域を調査する有人潜水調査船「しんかい6500」（©JAMSTEC）

■深海って行かれるの？　アクセス情報（難易度・上級）

皆さんにも深海にアクセスし、五感で深海の素晴らしさを直接感じていただきたいが、どんなに水中で長く息を止められる人でも、スクーバダイビングが得意な人でも、深海に行くのはちょっと無理。潜水調査船に乗ったり、無人探査機（ロボット）を使わないと深海にはアクセスできない。それでも、どうしても行きたい！という方は、是非、研究者や潜水調査船のパイロットになって欲しい。

もしくは、何かと深海を取り上げるテレビ番組や本が多数あるのでご覧いただきたい。JAMSTEC/GODACで公開しているJ-EDI深海映像・画像アーカイブス http://www.godac.jamstec.go.jp/jedi/j/index.html にはたくさんの深海映像があるので楽しんでいただきたい。

藤原（ふじわら）　義弘（よしひろ）

海洋研究開発機構
（JAMSTEC）
専門は
深海生物学

鯨（くじら）が支える深海底のオアシス

太陽光の届かない深海は基本的に低温、高圧、暗黒でえさ不足の世界。そこに暮らす生物の栄養を支えるのは、基本的に表層から降り注ぐ生物の死骸や排泄（はいせつ）物、脱皮殻などの有機物である。これらの有機物は徐々に分解されながら、細かな粒子として雪のように深海底に降り積もるため、マリンスノーと呼ばれ、深海生物の営みを支える。そのような世界にも、時々ビックリするようなご馳走（ちそう）が届けられる。それが鯨の遺骸だ。海底に沈んだ鯨のその後を追って潜水船を駆った。

鯨の遺骸に集まる生物

鯨は地球生命史上最大の動物で、シロナガスクジラでは体長三〇メートル、体重一〇〇トンを超える。小さな生きものは、死んで沈んでも途中でさまざまな生物に食べられ、深海底にまで到達するものは少ない。一方、鯨は非常に巨大であるため、深海へ沈降していく途中で食べ尽くされることはなく、体の大部分は海底に落ちる。これまでの研究から、深海底に沈んだ鯨の周辺には独特の生物の集まりが形成され、時間を追って四つのステージにうつりかわることが知られている。このような生物の集まりを「鯨骨（げいこつ）生物群集」と呼ぶ。

まず海底に沈んだ直後には、筋肉などの軟組織を求めて、サメなどの捕食者やヌタウナギなど腐った肉を食べるものたちが集まる。この時期を【腐肉食期】と呼ぶ。しばらくすると骨が露出し、骨をえさやすみかとして利用する生物が集まる【骨浸食期（こつしんしょくき）】。特に有名

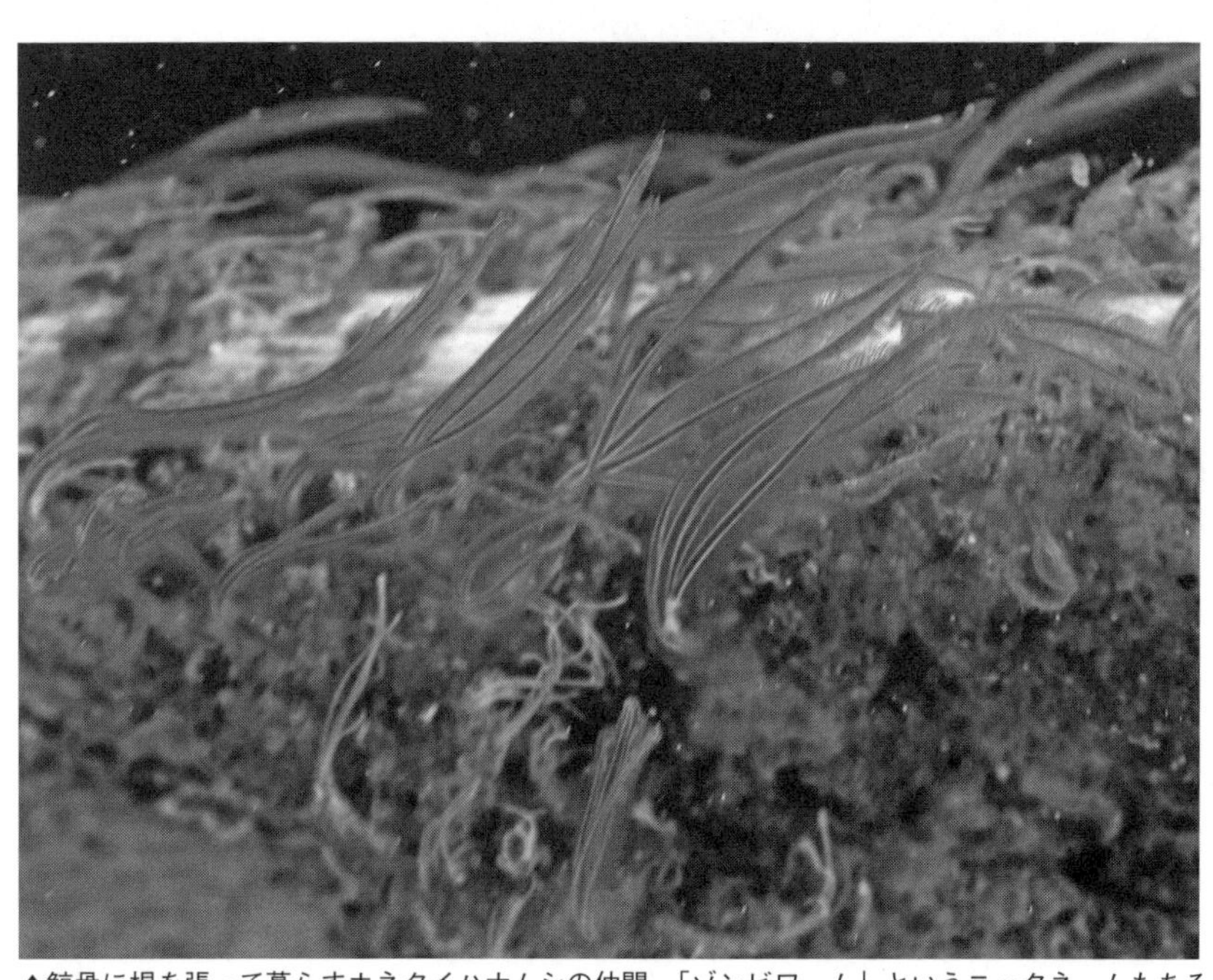

▲鯨骨に根を張って暮らすホネクイハナムシの仲間。「ゾンビワーム」というニックネームもある。

なのはホネクイハナムシというゴカイの仲間で、なんと口も消化管も持たず、骨の中に「根（ね）」とよばれる器官を張り巡らし、そこから骨の栄養を吸収する。

　鯨が海底に沈んで半年から数年がたつと、微生物の働きによって骨の中の有機物が腐敗し、硫化水素（りゅうかすいそ）が発生するようになる【化学合成期】。硫化水素とは温泉で感じる腐った卵のような臭いの元凶で、多くの生物にとって有毒だ。この時期になると、硫化水素を利用することのできるバクテリアを共生させた動物が鯨骨の周りで優勢になる。これらの動物は自らほとんどえさをとらず、栄養の大部分を共生バクテリアに依存して生きている。鯨骨中の有機物が尽きると骨は単なる硬い基質となり、イソギンチャクやカイメンといった基質に付着して暮らす生物のよいすみかとなる（【懸濁物食期（けんだくぶつしょくき）】）。このように海底に沈んだ鯨は目まぐるしく様相を変えながら、多様な生物を支え、やがて風化してその役割を終える。

◀深海底に形成された鯨骨生物群集。鯨遺骸は、頭を右向きにして沈んでいる。腐肉食期から骨侵食期に移り変わったところ。頭蓋骨（ずがいこつ）には、ホネクイハナムシの仲間が確認できる。エゾイバラガニやコンゴウアナゴが、残っている軟組織を食べるために集まっている。写真下端中央に写っているのは、堆積物を採集するための「柱状採泥器」の持ち手。左下端にはロボットアーム（マニピュレータ）の一部が見える。

鯨骨生物群集のつくり方

鯨骨生物群集の調査を行うにあたり必要なのは、海底に沈んだ鯨の遺骸とそれを観察するための有人潜水調査船や無人探査機といったツールである。これまで全世界で発見された天然の鯨骨生物群集はわずか八例であり、海底で偶然出会う可能性は極めて低い。そこで多くの場合、死後漂着した鯨遺骸を入手して海底に沈めることにより、人為的に鯨骨生物群集をつくり出す。水深や海域によって異なるが、先述の骨浸食期や化学合成期は数年から十数年継続するため、ひとたび海底に鯨を沈めれば、しばらくその様子を観察することができる。

しかし、最初のステージである腐肉食期は数か月から一年程度と短命なため、鯨の沈設と同時に潜水船などで観察を行う必要がある。そのような機会は極めて少なく、海底に鯨が沈んだ直後にどのような生命現象が起きるのかは十分に理解されていなかった。そこで我々は愛知県知多（ちた）半島に死後漂着した全長約五メートルのマッコウクジラの赤ちゃんを冷凍保存し、調査の機会をうかがうことにした。そして二〇一二年、ＮＨＫ、米国ディスカバリーチャンネルと共同で鯨の沈設実験を行う機会を得た。

鯨骨生物群集の初期遷移

相模湾の初島北東沖、水深約五〇〇メートルの深海底にマッコウクジラを沈設し、その三時間後に有人潜水調査船で海底に降りた。捜索すること一時間、

やっと発見したマッコウクジラは、海底に横たわっておらず、錘(おもり)にロープでつながれたまま海中を漂っていた。

鯨が浮いているとロープが潜水船にからまる危険があるため、鯨が浮くか沈むかは調査を行ううえで大きな問題だ。凍らせた鯨を沈め、それを海底観察した例がなかったため、我々はこの件について事前に議論した。私は「鯨の浮力の多くは体内にある気体なので、海底に沈めれば気体が圧縮されて浮力を失う」と推定していた。「判断ミスだったな」と思いながら徐々に鯨に近づくと、鯨が自ら浮かんでいるのではないことがわかった。なんと鯨と、ほぼ同じ大きさのカグラザメが体重一・二トンの鯨の体を軽々とくわえて移動していたのであった。

その後の観察から、このときの噛み跡が鯨に与えられた第一撃であることがわかった。この実験では鯨の脇にタイマー式のカメラを設置し約二か月半にわたりその変化を記録した。その結果、この場所では鯨の沈設から二か月でホネクイハナムシ類が出現し、腐肉食期はわずか二か月で終焉(しゅうえん)することがわかった。

深海底の鯨が支えるもの

鯨は主に海洋表層で暮らす生きものであるが、死後、深海底で新たな生物群集を支える基盤となる。鯨遺骸(いがい)周辺には、硫化水素に富んだ貧酸素の環境や、潮通しのよい酸素の豊かな環境、有機物に富んだ柔らかい堆積物や生物の付着できる硬い基質といった、さまざまな要素が複雑にからみ合った独特の環境が

▲鯨肉を求めてやってきたカグラザメ。

形成される。そのため、出現する生物の多様性は高く、また「鯨骨」以外からは発見されていない鯨骨固有の生物種も多い。加えて鯨骨域に暮らす生物の中には進化の流れから取り残され、古い形質を示す生物も多く、鯨骨は過去と現在をつなぐ進化の〝飛び石〟と考えられている。

このように生物は、表層から深海底、生きているものから死んでしまったもの、過去から現在へと切れ目なくつながり、現在の生物多様性が創出されている。生態系を理解しようとするとき、いまそこに暮らす生きものたちのみに注目しがちであるが、生命の連鎖はそれほど単純ではないことを、深海底の鯨が教えてくれる。

■深海に行ってみた！　アクセス情報（**難易度・中級**）

熱海から調査船に乗船し、初島北東沖へ。そこから有人潜水調査船で三〇分ほど潜航すると水深五〇〇メートルの深海底に到着する。潜水船に搭載された音響ソナーの反応を頼りに周囲を探索すれば、鯨を沈めるために使ったコンクリートブロックの強い反応に行き着く。コンクリートブロックから延びたロープを頼りに進むと目的の鯨骨を観察することができる。潜航中は魚類やクラゲ類などの生物発光が楽しめる。なお潜水船内に空調はないので防寒対策は忘れずに。カメラやお弁当を持ち込むことができるが純酸素を放出しているため可燃物の持ち込みは厳禁。簡易的ながらトイレもある。

ただし、調査船に乗船するには、研究船利用公募に申請書を提出し、採択される必要がある。

荒木 仁志（あらき ひとし）
北海道大学大学院
農学研究院
専門は
進化生態学

宮 正樹（みや まさき）
千葉県立中央博物館
生態・環境研究部長
専門は
分子系統進化学

北の海に未知なる生命を求めて——環境ＤＮＡの挑戦

「北太平洋の生態系」と聞いて、何を想像するだろうか。一般に北極に近い海は、生物の量こそ多いものの生物多様性には乏しいとされている。しかし人類はこの海について、またそこにすむ生きものについて、いったいどれほどを理解しているだろうか。そこには未知なる生命も潜むかもしれない。これが我々のターゲットだ。

地上はもちろん、川や湖沼、そして海にも、さまざまな生物が命をはぐくみ、支え合っている。彼らはどのようにして生まれ、どのようにかかわり合って生きているのだろうか？ そもそも地球上にはどれくらいの種類の生物がいる？ そして新しい生物が誕生するのは一体どんな環境なのだろう？ これらの疑問は、生物について知りたいと思う人なら、一度は抱いたことがあるに違いない。

「北太平洋の生態系」についての我々の挑戦も、そんな疑問が基になっている。とはいえ、網や釣り竿（つりざお）を片手にこの挑戦をするのではない。我々の武器は、「環境ＤＮＡ」だ。

環境ＤＮＡとは

化学の授業では、「水はH_2O」と習うかもしれない。でも、海水や河川の水は、水道水とは違う。どこが違うのか。実は自然の中にある水には、魚など、そこにすむさまざまな野生生物の痕跡が含まれている。これを集めてきて調べれば、その持ち主をつきとめることができるはずだ。この痕跡を環境ＤＮＡと呼び、これを検出する技術を環境ＤＮＡ技術

池田　実（いけだ　みのる）
東北大学大学院
農学研究院
専門は集団遺伝
情報システム学

矢部　衛（やべ　まもる）
北海道大学大学院
水産科学研究院
専門は
魚類体系学

と呼ぶ。痕跡の正体が、生物からはがれ落ちた細胞などに含まれるDNAだからだ。この新しい技術を使い、まだ見ぬ生物の分布や生態に迫ろう、というのが我々のねらいである。

といっても、生物が環境中に落としていくDNAの量など、たかが知れている。ましてDNAは目に見えるわけでもない。そこで、とにかく生物のいそうな所から水を集める。まだ一〇年とたたない新技術なので、明日にはどうなっているかわからないが、今のところ調査現場では、装置を用いて環境水をろ過することでDNAを集めている。このアイデアは我々のオリジナルではない。野外の微生物やプランクトンの研究者が以前から使っていた技術を、大型の野生生物に応用したのだ。もっとも、一〇年前には大型の生物調査でそんなことができるなんて、誰も想像すらしていなかったのだけれど。

何せ手がかりは環境水中のごくわずかな生命の痕跡である。うかつに扱おうものなら、検出がままならないのはご愛敬、下手をすると簡単にどこからともなく混ざってしまうDNAによって、本当はそこにいない生物のDNAの検出をやらかしてしまう。このため、採水現場はもちろんのこと、解析する実験室でも、通常の実験の何倍もの注意を要する。我々も数年かけてやっとこれらの問題に対処する手法を見い出し、ようやく生命探索に本腰を入れる準備が整ってきた。

見えない生物を「視（み）る」

環境DNAの使い道は大きく分けると二つある。一つは興味のある種に絞って「視る」やり方、もう一つは何がいるのかわからない状況でそこに生息する生物を「視わたす」やり方である。例えば希少種や特定の外来種の場合、ある程度対象種が絞られていて、その生物が

◀船上での環境DNAサンプリング風景（北海道・厚岸湾）。採水現場でもDNAの混入を防ぐため、細心の注意が必要。中央下に写っているバンドーン採水器という機材を用いて、ねらった水深の水を「生け捕り」にする。

そこにいるかいないか、またいるとしたらどれくらいいるのか、が問題になる。そのような場合には、興味のある種に絞った解析を行う。このやり方で野外の生物量がどれくらい正確に推定できるか、については正直なところ暗中模索の状況にある。しかし、生物多様性の危機が世界的な関心事になるなか、希少生物や外来種の早期発見ツールとしての潜在能力は高く、すでに国や自治体を巻き込んでの調査計画が進みつつある。これらの種がそこに「いた」ということが、水をくんでわかるだけでも、圧倒的にパワフルなのだ。ただし私は、これは捕獲などこれまでの調査方法にとって代わるものではなく、その労力を重要な地点に集約するための道具だと考えている。捕獲などには時間も経費もかかるが、それを環境DNA解析で「確実にいるぞ」とわかった場所に集中できれば、調査の効率も確実性も格段に上がるからだ。

もう一つの使い道は、対象種を絞らず広く「視わたす」やり方だ。これこそが「北の海に未知なる生命」を探索する場合に我々が使う方法となる。DNAは生物進化の歴史を刻んでいるから、環境DNAにもそれぞれの生物種の生い立ちやその後の歩みについての情報が含まれるはずだ。これを一つ一つ読み取ることができれば、持ち主や近縁な種がわかる。これを実現してくれるのが「次世代シーケンサー」と呼ばれる、スーパーDNA解析マシンである。といっても、我々がこのプロジェクトをスタートさせた頃にはまだいくつもの問題を抱えていた。

探索に向けた準備

そもそも、環境ＤＮＡは短い。なぜかというと、生物から離れた細胞では、すぐにＤＮＡの断片化（細切れになる現象）が起こるためだ。ＤＮＡには塩基と呼ばれる物質が含まれていて、塩基にはＡ、Ｇ、Ｃ、Ｔの四種類がある。その並び順、すなわち塩基配列が生物種や類縁関係を読み取る情報になるわけだ。ふつうは五〇〇〜一五〇〇個くらいの塩基配列を読み取る。しかし、環境ＤＮＡは断片化によりせいぜい二〇〇個ほどしか解読できない。その分、得られる情報の量も限られてしまうことになる。その中に、何百から数千に及ぶ生物の種を環境ＤＮＡから見分ける情報が必要なのだ。幸い魚類に関しては、「短いけれど種ごとに違うＤＮＡ配列」という環境ＤＮＡ解析に必要な厳しい条件に合うものが見つかり、不特定多数の魚類に同時に使える道具を作ることもできた。その後に、次の関門が待っていた。

魚と一口に言ってもその種類は膨大で、日本とその周辺だけでも四〇〇〇種、世界には二万種以上が生息していると考えられている。ところが、どのような配列のＤＮＡが誰のものか、環境ＤＮＡを使って完全に理解するには、これらすべての種のＤＮＡ配列をあらかじめ知っておかねばならない。これを環境ＤＮＡリファレンスと呼ぶ。いわばＤＮＡの標本図鑑である。ところが、我々がこのプロジェクトを立ち上げた段階では、この図鑑が千種分ほどしか存在していなかった。これだと、「〇〇っていう種に似たＤＮＡは見つかったけれど、持ち主が誰かはわからない」といったことが頻繁に起こってしまう。そこで我々は、北海道大学総合博物館の分館・水産資料館所蔵の標本などから、我々自身で環境ＤＮ

◀環境DNA調査のため訪れた世界自然遺産・知床半島。冬の知床は厳しく、美しい。

Aリファレンスを充実させる試みを続けてきた。この結果、淡水も含め、日本周辺の魚類であればかなりの精度で環境DNAを用いた種同定が可能な状況が整ってきた（二〇一七年八月現在、六七五二種の環境DNAリファレンスが使用可能）。このデータを用いた魚類相の研究も進められていて、例えば舞鶴湾の魚類分布についてはその解析結果もすでに公開され、どのような条件下ではこの魚類相推定がうまくいくのか、といった検証も行われてきている。

北の海に未知なる生命を求めて

こうやって入念な準備をしながら我々が目指した目標の一つが、「北の海に未知なる生命と生物多様性を探る」だったのだ。環境DNA技術を使えば、もしかすると北太平洋に生息する生物の多様性に加え、まだ見ぬ生物の痕跡が見つかるかもしれない。そんな想いでプロジェクトを始めたのだが、そこから見えてきたものは実に多様で、地域や時期ごとに顔ぶれの変化する「豊かな海」の姿である。生命が希薄で環境DNAの検出など難しいと思われていた北太平洋の真ん中、外洋ベーリング海のサンプルを初めて解析した時、最初に検出された魚がまさに予期通りの「サケ」と判明した瞬間の感動は今でも忘れられない。居合わせたメンバーからも歓声が上がり、さながらロケットの打ち上げにでも成功したかのような騒ぎとなった。

ちなみに海の向こうのシアトル沖・サンファン諸島沖からは、ニシンのほか、シャイナーパーチ（ウミタナゴの仲間）、イトヨといった「光り物系」の魚の環境DNAが多く検出されている。太平洋をまたいだ北海道・道東に位置する厚岸湾で検出され

た魚類相が、ギンポやカジカ、キュウリウオの仲間であふれているのとは対照的である。また、世界自然遺産でもある知床からは、ホッケやサケ、カラフトマス、イカナゴなどの環境DNAが多く見つかっている。さらに、同じ知床に位置する羅臼（らうす）の海洋深層水施設（取水口は水深約三五〇メートルにある）の原水からは、クサウオ、カンテンゲンゲ、ニュウドウカジカといった具合に、いかにも深海、といった顔ぶれが検出され、さらに季節によっても顔ぶれがガラリと変わることがわかってきた。北の海は予想以上に多様で、実にダイナミックな変化を見せる海であったのだ。では、このような違いが生じる原因は果たして何だろう。新しい技術と発見が、新しい疑問を生じさせる。科学とはこの繰り返しなのだ。

さらに深い深海・超深海においても関連機関と協力して環境DNA技術を駆使した挑戦を始め、まだ予備調査段階ではあるものの、一部「未知種由来のDNA」検出に成功している。「未知なる生命」への手がかりをつかんだわけだ。また一方で、水深二〇〇〜四〇〇メートルの海は生命探索という意味において見落とされている生物フロンティアといえるだろう。

この地球には、海水全体の九五％もの水が二〇〇メートル以深の海に存在していることを忘れてはならない。そこにはいまだ人類が出会っていない、謎に満ちた生物が多く存在するだろう。しかも日本には、北海道から沖縄まで、全国に二〇近い海洋深層水施設が存在し、海外でもアジアを中心に数か所の施設が存在する。我々研究者はそれら施設にお邪魔して、原水を分けてもらってくればよい（無論、いつか深海探査船に乗って実物が泳ぐ姿を目の当たりにしたい気持ちは強いのだが）。我々の研究が先駆けとなり、今後魚類に限らず海の生物、特に日頃は目にすることのできない希少でユニークな生物たちの実態が明らかにされることを願ってやまない。

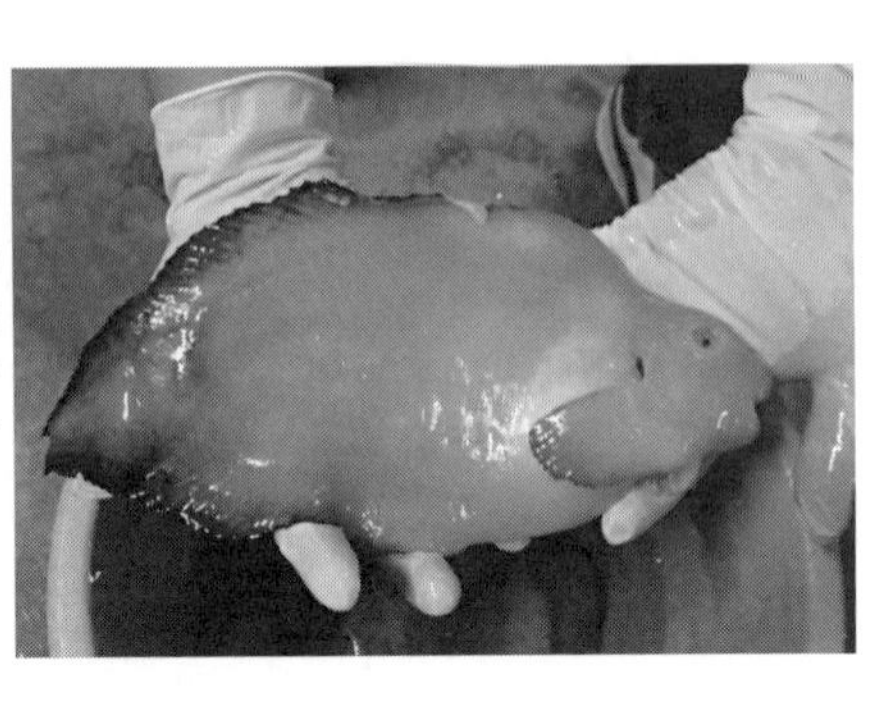

北海道内の海洋深層水施設・採水ポンプでたまたま吸い上げられ、生け捕りにされたビクニンの仲間。詳しい生態はよくわかっていないが、表層（海面から200ｍ程度まで）の魚と異なり、深海の高い水圧に適応して体内を海水で満たしているため、ブヨブヨとコンニャクのような独特な触感をもつ。▶

■深海に触れてみたい！　アクセス情報（難易度・初級または上級）

【初級編】日本に一五か所ほどある海洋深層水施設は水の市販をしている所もあり、気軽に立ち寄ることができる。例えば北海道・岩内町にある地場産業サポートセンター（北海道岩内郡岩内町大浜）へは新千歳空港から車で二時間半ほどである。しかし、残念ながら通常、現地で深海生物に会うことはできない。

【上級編】またわれわれの調査地の一部であるベーリング海や深海・超深海となると特殊な調査船が必要で、限られた研究者でなければ、まずアクセスは無理だろう。

南極、北極とその周辺へ

冒険家植村直己(うえむらなおみ)の北極圏単独行、タロ・ジロが登場する映画「南極物語」など、さまざまな冒険の舞台となってきた北極、そして南極。それらは、今でも未知の宝庫で、私たちを引きつけてやまない。南極、北極圏から出ても、その周辺には永久凍土は変わらず存在しつづけ、一面にカラマツの仲間が生える真っ平なシベリアなど、現実離れした風景が広がる。これらの地域は、社会的にも注目が集まっている気候変動の影響を受けやすい場所とされており、研究課題としての重要性も高い。この章では、北極、南極、そしてその周辺部において科学者たちが発見してきた、寒い地域ならではの生物の生きざまや、溶けそうな氷に乗っているシロクマだけではない、目に見えて変化している極地の様子を紹介する。

◀エルズミア島の極オアシス。遠くに氷河を望む。氷河が後退した跡地では、岩石のすき間を埋めるように、コケや維管束植物が一面のじゅうたんのように広がっている。

大園（おおその）享司（たかし）
同志社大学理工学部
環境システム学科
専門は
菌類生態学

カビが映し出す北極と南極の極限環境

地球上で最も高緯度の場所は「極地」とよばれ、そこに位置する陸地には「極荒原（きょくこうげん）」とよばれる生態系がひろがっている。気候帯でいうところの「氷雪帯（ひょうせったい）」に相当し、読んで字のごとく氷や雪の多い寒い場所のイメージが強いが、実際のところ雨の少なさと乾燥も際立っている、岩石からなる荒涼とした世界である。私はこれまで北極と南極を訪ね、地球の片隅とも辺境ともいえる場所に暮らす「カビ（菌類）」を調べてきた。これら極限環境のカビは、どのような生きざまを私たちに伝えてくれるのだろうか。カビはタフな生きものだが、そもそも北極や南極にもいるのだろうか。

北極のコケと菌類遷移

北極といえば、巨大な氷河や海氷を遠くに望む、生物の気配のない岩石の世界をまず思い浮かべるかもしれない。しかし、北極の極荒原のなかには、水分が豊富で、植生の豊かな「極オアシス」とよばれる場所が点在している。私が訪れたカナダ最北端の島、エルズミア島の極オアシスには、想像を超えた生物の賑（にぎ）わいがあった。北緯八一度の短い夏を満喫するように、ヒロハヤナギランやホッキョクヤナギが花盛りで

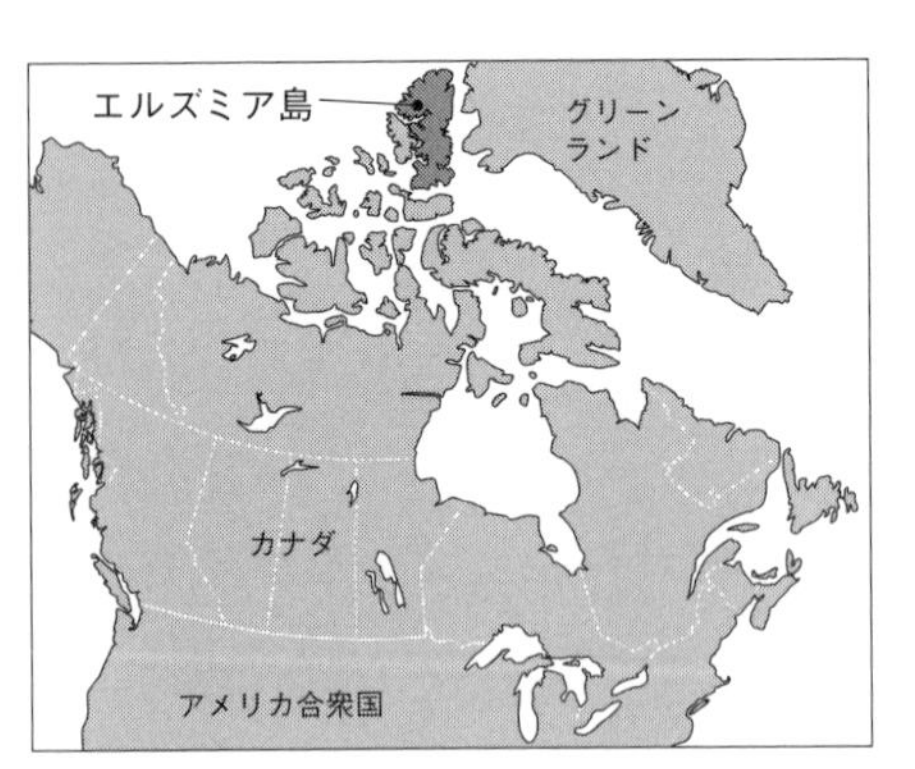

あった。よく見ると、イワダレゴケやシモフリゴケがモコモコとした群落をつくっている。踏むとスポンジのような感触で、じわりと水分がしみ出てきた。

あまり目立たない存在だが、極オアシスの景観の中で最も多い植物の一つが、これらのコケである。厚さ一〇センチメートルを超えるコケ群落をていねいに掘り出して断面を見ると、明らかな層構造が見てとれた。表層部は緑色で、生きた組織からなる部分だ。緑色のコケの組織は下層に向かって赤色から褐色、黒色へと変化し、分解が進んでいるのがわかる。最も下の層ではさらに黒色が濃くなって、ボロボロに崩れている。その下は、カチコチに凍った永久凍土だった。

このコケ群落を実験室に持ち帰り、層ごとに分けて、コケの組織片を培養した。その結果、全体で二五種のカビが分離された。北極にもカビはいたのだ。名前を調べると、多くは南方のツンドラや北方林からも報告のある種だった。「氷雪性」、すなわち低温で生存可能な一部のカビが、北極にも分布を広げていると考えられる。そして興味深いことに、表層から深層に向かって、わずか一〇センチメートルほどの範囲で、コケ組織の分解にともなう菌類の種の入れ替わり、すなわち「菌類遷移」が認められた。表層の緑色の組織からは、クラドスポリウム・ヘルバルムとよばれるコケ群落から掘り取った標本の断面。上側の表層部は緑色で、生きた組織。下に行くにつれて分解が進み、赤色から褐色、黒色に変化している。いちばん下部は濃い黒色で、分解が進みボロボロと崩れる。永久凍土に接していた部分だ。この中のカビを層ごとに分析してみると、菌類の入れ替わり「菌類遷移」がみられた（カラー口絵３ページも参照）。▶

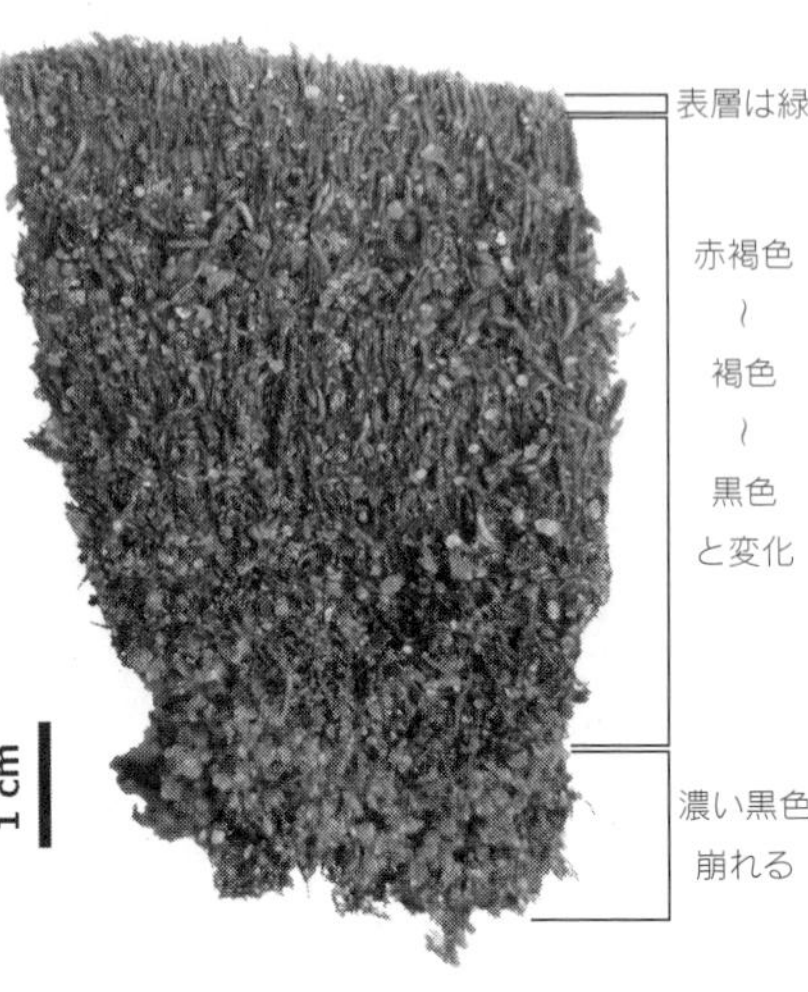

クロカビの一種が高頻度で出現したが、下層に向かって姿を消した。代わって、アオカビ属の種や、シュードジムノアスカス・パンノラムとよばれるカビが、コケ組織の分解とともに増加した。

北極のコケがどれくらいの速さで分解するのか、まだよくわかっていないが、厳しい低温と乾燥のため、ボロボロに分解されるまでには、おそらく何十年もかかっていることが予想される。その何十年にもわたるコケの分解と菌の種の入れ替わり、すなわち菌類遷移が、この一〇センチメートルほどの厚さのコケ群落のなかに封じ込められていたというわけだ。遠い北極の厳しい環境を生きるコケ群落のなかで、カビは確かに息づいていた。

南極のコケと菌類遷移

さて、北極にはカビがいたものの、正直に言うと、実際に行くまでは南極にカビなんてほとんどいないだろうと思っていた。それでも本当にカビがいるのかいないのか、南極に行って、自分の目と手で確かめたくなるのが生物の生きざまに魅せられた生物学者の性なのかもしれない。南極大陸は北米大陸と同程度の広さで、大部分が大陸氷床に覆われている。海岸部には極荒原が点在しており、「露岩域」とよばれる。私が訪ねた南緯六九度の露岩域は、文字どおり岩がむき出しで、生物の息づかいがまるで感じられない世界だった。

南極大陸に到着して、ラングホブデとよばれる露岩域でさっそく調査に入った。岩石がむき出しの大地を半日ほど歩き回ってようやく、風が当たりにくく水のたまりやすい岩陰

▲南極、鳥の巣湾の露岩域。中央の暗く見える部分がコケ群落。写真では、むき出しの岩は明るく見えている。風が当たりにくく水のたまりやすい低い岩陰などにコケがしばしば見られる。

に、コケ群落が散在しているのを見つけることができた。厳しい低温と乾燥にもかかわらず、オオハリガネゴケやヤノウエノアカゴケが、最大で約一〇センチメートルの厚さにまで堆積している。ていねいに掘り出して断面を見ると、北極のコケ群落と同様の層構造が見て取れた。最も下の層にある、ボロボロに崩れたコケの組織を見て、確信した。ここにカビがいる。

コケは植物だから、自分で組織を腐らせるはずはない。分解者となるカビがいるからこそ、ボロボロに腐るのである。予想を裏付けるように、コケの組織片から一四種のカビが分離された。最も多く分離されたフォーマ・ヘルバルムというカビは、南極だけでなく熱帯域や北極からも報告のある「汎分布種（コスモポリタン）」として知られる。分散力が高いうえに、厳しい環境に対する耐性も高いことが、南極のコケ群落の中で多くを占める要因と考えられる。次に多かったのが、北極のコケからも分離されたシュードジムノアスカス・パンノラムであった。これも汎分布種である。

興味深いことに、南極のコケでは表層から深層に向かって菌類遷移が認められなかった。そのかわり、コケ組織の分解にともなってフォーマ・ヘルバルムとシュードジムノアスカス・パンノラムが次第に増加し、また、出現するカビの種の総数も、同様に分解にともなって増加するパターンが認められた。

菌類遷移の違いは何を語るのか

北極と南極で見られた菌類遷移のパターンの違いは、菌類の生きざまのどのような違いを映し出しているのだろうか。いろいろ考えを巡らせているうちに、ある論文のことを思い出した。北極の生態系を専門とする研究者、J・スヴォボダとG・ヘンリーが、一九八七年に発表した論文である。この論文では、極荒原における植生遷移が、環境条件との対応から三つのパターンに類型化されている。すなわち、環境ストレスがそれほど厳しくない場所では、植物どうしの競争によって植物の種が入れ替わりながら、全体的には種の数が増加していくという遷移のパターンが見られる。これを〈パターン一〉としよう。次に、環境ストレスがより厳しい場所では、植物の生存にとっては、競争に強いか否かよりも、環境ストレスにどれだけ耐えることができるかが重要となる。このため、植物の種はほとんど入れ替わらないが、種の数が時間にともなって増加する遷移のパターンが見られる。これが〈パターン二〉である。最後に、環境ストレスが極めて厳しい場所では、ごく限られた少数の植物種しか生存できない。よって、かなり長期にわたって植物の種の入れ替わりが見られず、種の数も増加しない。〈パターン三〉である。

この類型を、コケで見られた菌類遷移に当てはめると、一つの解釈が浮かび上がってくる。つまり、北極の菌類遷移は、カビの種が入れ替わりながら、種の数が増加する〈パターン一〉に相当する。一方で、南極の菌類遷移は、カビの種はあまり入れ替わらないが、種の数が増加する〈パターン二〉に相当する。極限環境における生態遷移のパターンに、植物や菌類といった生物群を超えた共通ルールがあるとすれば、今回調べた中で比べると、北極よりも南極のコケ群落のほうが、カビ（菌類）にとって環境ストレスがより厳しい、という解釈が成り立つかもしれない。同じ緯度で比較すると、北極よりも南極のほうが、生物にとっての生育環境は厳しいと言われている。例えば、平均気温も最低気温も、南極では北極よりそれぞれ二〇℃も低いことが知られている。このような両極の環境の違いは、今回の菌類遷移の比較から導かれた解釈とよく合うようにも思われる。

北極はユーラシア大陸や北アメリカ大陸と陸続きだが、南極大陸は「孤立した大陸」であり、最も近い南アメリカ大陸でも約一〇〇〇キロメートル離れている。この地理的な違いを反映して、北極では一〇〇〇年以上も前から人間が活動していたが、人間の生活圏からはるかに離れていた南極では、人間の到達はほんの二〇〇年前でしかない。ただし顕微鏡サイズの胞子により分散するカビは分散力が高いので、大型生物である人間よりもはるか昔から、北極や南極に到達していたことだろう。また、北極や南極の菌類は、氷雪性や、「好冷性」、すなわち成長に適した温域が四～一六℃と低い性質、さらには乾燥耐性などのストレス耐性を示すことが知られている。これらの生物学的な特性により、北極と南極のカビは、厳しい環境ストレス下でもたくましく生活を営むことができるのである。

■南極って行けるの？　アクセス情報（難易度・初級／上級）

【上級編】南極地域観測隊員として南極に行く場合、まず推薦または応募により隊員となる必要がある。冬期訓練や夏期訓練、健康診断などに参加した後、南極観測船しらせに乗って約一か月の航海で昭和基地に到着。昭和基地から近傍の露岩域にある観測小屋へは、越冬中は海氷の上を雪上車で走ってアクセス可能だが、コケは雪の下に埋もれていて見つけづらいため、夏がよい。夏ならヘリコプターで観測小屋まで移動したあと、場所にもよるが半日も歩いて探せばコケ群落を見つけることができるだろう。

【初級編】観光なら、南米最南端のウシュアイアかプンタ・アレーナスから、フライトないしクルーズを利用して南極半島にアクセスする経路が一般的である。

オーロラやブリザード、湖底にひろがるコケ坊主など、地球上に残された最後の秘境の一つである南極の自然との出会いを楽しむことができるかもしれない。

小林 真（こばやし まこと）
北海道大学北方生物圏フィールド科学センター
専門は土壌と植物の生態学

北極圏の「ミステリー・サークル」

北緯六八度、北欧・ラップランド地方。夏は一か月ほどと短く、冬には気温がマイナス三〇℃近くにもなる。

温暖化が北極圏の自然に与える影響について研究するため、ぼくがアビスコという人口一〇〇人ほどの村に住みはじめてから二年ほどたつ。村にある研究所から調査道具が入ったザックを背負って山を登っていき、樹林限界を超えると、ツンドラと呼ばれる低木しか生えていない場所に出る。これまで視界をさえぎっていた木々がいなくなるので、遠くまで見渡せる。ひと休みして緑色の景色を楽しんでいると、「円形土」と呼ばれる奇妙な地形が目に飛び込んでくる。

円形土は、地表に土があらわになっている円状の地形のことで、場所によっては、あたり一面、一定の間隔で規則的に並んでいるなんてこともある。直径は一～三メートルほど。飛行機や人工衛星からも、その存在は確認できる。

円形土に実際に足を踏み入れてみると、土があわらになっていて、確かに周囲に比べて植生は発達していないが、全く生物がいないわけではない。これまでは「一般的なツンドラではな

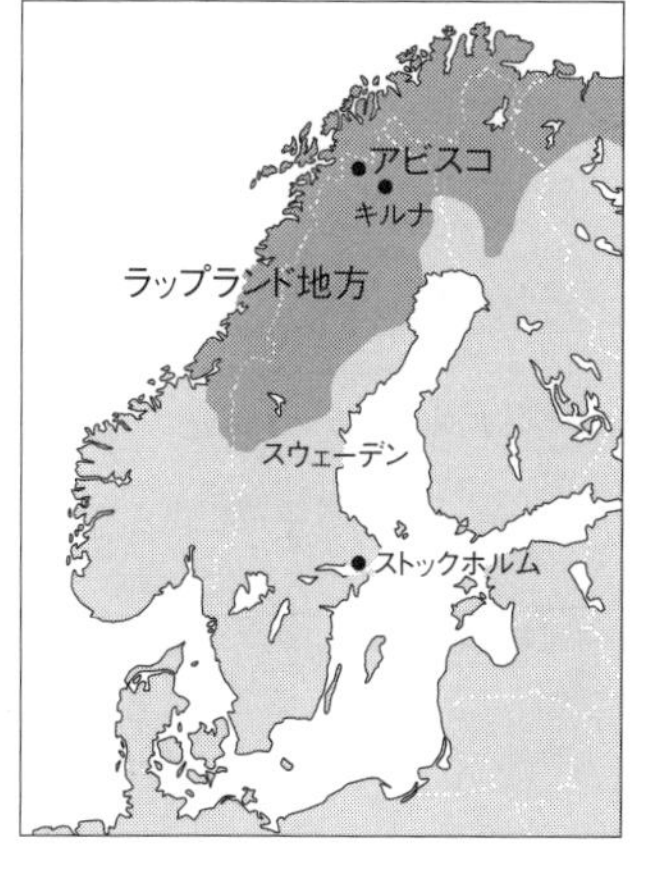

▲ツンドラの中にこつ然と現れる円形土。これぞ北極圏のミステリーサークル。

い」という理由から、円形土にすむ生物に関する研究はあまり進んでこなかった。しかし、「このあたり一面の円形土を知らずして、ツンドラの生物を語ることができようか、いや、できまい！」。そんな理由から「このミステリー・サークルには、どんな生物がすんでいるのか？」「北極圏で特に進行が早いとされる気温上昇が、円形土にすむ生物に及ぼす影響は、どのようなものなのか？」これらの疑問を明らかにすることを、ぼくは研究目的とした。

円形土は どのようにしてできるか

不自然なほど規則的な古代人が作ったようにも見えるみごと

◀円形土ができるしくみ。

地表

▲地中に凍りにくい土の集まりと凍りやすい土の集まりができている。凍りやすい土の集まりが凍ると、膨張して周囲を圧迫する。

凍りにくい土壌

凍りやすい土壌

凍って膨張した土壌による圧迫

土壌の動き

円形土の中心。土深くにあった土が表面に押し上げられ、盛り上がっているのがわかる。▶

な円形土は、北極圏の厳しい寒さによる土の凍結、そして融解が繰り返されることで長い時間をかけてつくり出される。少し複雑ではあるが、まずは、この奇妙な地形ができる仕組みを、順を追って説明しよう。

土は水を含んでいるため、地面の温度が氷点下より下がると凍る。しかも、土は水を含んでいるため、凍ると体積が増える。土の凍りやすさは土の粒の大きさによって異なり、粒子が小さいほど土は凍りにくい。面白いことに、毎年、土が凍結融解を繰り返すと、地面の下で「凍りやすい土」と「凍りにくい土」が別々に集まってくる。冬になり、「凍りやすい土の集まり」が凍ったときに、「凍りにくい土の集まり」はどうなるか？「凍っている土の集まり」は膨張し、すぐ近くにある「凍っていない土の集まり」は押され、まるで温泉がわき出すように

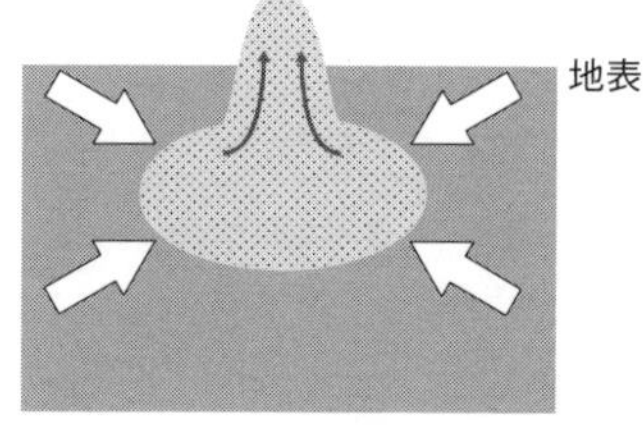

▲凍りにくい土の集まりは周りから圧迫され、地表面に吹き出す。

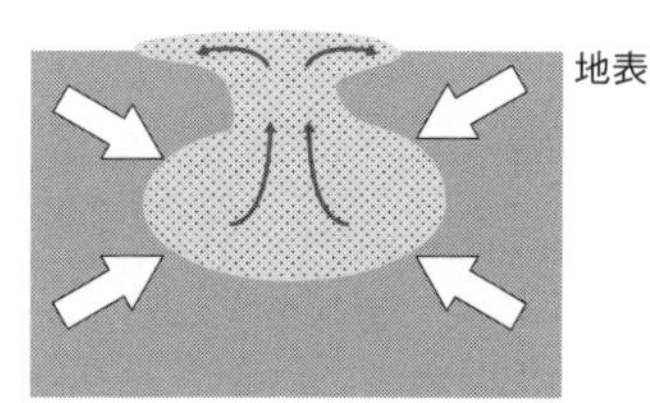

▲吹き出した土が、地表面で中心から四方に向けて流れていき、円形土が形成される。

地表面に吹き出す。円形土の中心へ行き、地面に顔を近づけてみると、地中深くにあった土が吹き出して盛り上がっているのがわかる。盛り上がった土は重力によってへこんでいくのだが、そのときに元の地中へはもどることができず、中心から四方に向けて流れていく。結果として、盛り上がった場所を中心として円状に、植物のあまり生えていない土がある場所、つまり円形土ができあがる。

北極圏の中でも、特に寒さが厳しい山の上では、土が盛り上がる際に、地中にある岩も一緒に地表面に持ち上げられ、地表面に流れ出す。一度、地表へ持ち上げられた石は、吹き出した土とともに中心から遠くへ遠くへと押し流されるが、数百年後に中心から同心円上に離れたところでストップし、円形の枠を形作るにいたる。これが、北極の大地に、ナスカの地上絵にも負けない（とぼくは思っている）、自然の造形がつくり上げられるメカニズムだ。

円形土に生えている植物を調べる

北極圏の夏の調査のよいところは、四六時中明るいので、夜でも天気さえよければフィールドワークが可能であることだ（ただし、冬の調査では、四六時中ヘッドランプが欠

円形土の中心部に立つ筆者。▶

かせなくなるのだが…)。ぼくが行っている植生調査は、二〇センチメートル四方の木枠を地面に置き、その中に現れる維管束植物、コケ植物、地衣類の種名を記録するとともに、標本を採取するというシンプルなものだ。

先に紹介したように、円形土の中心付近には、地中から持ち上げられたばかりの動きやすい土がある。土が動くことは根を張る植物にとっては災難で、土の動きによっては根が切れてしまうこともある。そのため、円形土の中心付近には、切れにくい根を発達させるミネズオウやイワウメなどの維管束植物や、植物ではないが同様に根をもたないうえに、持ち上げられたばかりの土にいち早く胞子を飛ばすことができるキゴケ属の仲間などの地衣類が分布していた。一方、円形土の中心から離れた場所には、地表に持ち上げられてから数百年も時間がたった、動きにくい土壌がある。そうした場所では、種子を飛ばす能力は低くとも、背が高く、植物の成長に欠かせない光をめぐる競争に強いガンコウランやヒメカンバ、コケモモが生えていた。

興味深いのは、二か所の中間的な場所では、競争に強い種や土壌の動きに強い種が混在する多様な植生が成立していたことだ。つまり、土が凍結融解して動くことで、ツンドラには数メートルという狭い範囲で、植物にとってのすみやすさにバリエーションがつくり出され、さまざまな生存戦略を持った植物たちが共存可能となっているというわけである。厳しい寒さは、一見、生物の活動を妨げるように思えるかもしれない。しかし、そうした厳しい寒さがあるからこそ、繁栄できる生物がいたり、全体としては種数の少ないツンドラにおいて、局所的には高い生物多様性が保たれているようだ。

円形土を食べる生き物

円形土の恩恵を受けているのは、特定の植物ばかりではない。円形土はラップランドにすむトナカイの絶好のえさ場になっている。ラップランドでは、原住民であるサーミ人によって、トナカイがツンドラに放牧されている。ちなみに、野生のトナカイはラップランドのごく一部に残っているのみで、ほとんどのトナカイは野生のように見えても実は人間に飼われている。

放牧されたトナカイが好んで食べるのは、通称「トナカイゴケ」と呼ばれるハナゴケ属の地衣類なのだが、このトナカイゴケは円形土の中心近くに多く生える。トナカイゴケが中心付近に好んで生える理由は、他の生物との競争が少ないためである。トナカイゴケは、体表面にすむ光合成細菌が行う光合成にエネルギー獲得を頼っている。土が動かない場所ではコケモモなど背の高い(といってもせいぜい二〇〜三〇センチメートルほどなのだが)植物が生え、トナカイゴケへの光をさえぎってしまう。すると、コケモモなどが生える場所では、トナカイゴケはコケモモの陰に隠れ、光をめぐる競争に負けてしまう。一方、土が動き、背の高い植物が生育しにくい円形土の中心部は、トナカイゴケが競争から解放され、トナカイがえさにありつくことができる場所となる。

円形土の中心には植物が生えていないため、冬の間でも雪が植物に引っかかって積もることがなく、トナカイゴケが雪に埋もれず、トナカイにとって見つけやすい状態になっている。冬のお昼頃、日本でいう夕暮れ時のようなピンク色の空の下、スキーをはいて山に出かけていくと、円形土の周りでトナカイたちがコケを食んでいるのを良く見かけた。

温暖化の影響

日本でも平均気温が上昇し続けており、生態系への影響が心配されているが、北極圏の方が気温の上昇程度が大きい。北極圏が温暖化すると円形土はどうなってしまうのだろうか。

一九五九年と二〇〇八年に撮影された航空写真を見比べてみると、円形土が少なくなっていた。約五〇年の間に土壌の凍結融解が起きる頻度が減り、昔は円形土だった場所でも背の高い維管束植物が増加し、周りの植生との区別ができなくなってしまったと考えられる。また、別の研究では、温暖化するとヒメカンバなどの低木の成長が早まり、トナカイゴケが低木との競争に負けることもわかっている。つまり、昔に比べて、円形土の中心でも低木が生え、トナカイが食べるえさが減ってしまっているのだ。温暖化がトナカイに及ぼす影響として、トナカイの代謝などへ直接的に及ぼす影響は想像しやすい。しかし、食べ物が限られる北極圏では、温暖化が土の凍結、低木とトナカイゴケとの競争の変化を介して、トナカイが食べることができるえさ資源へ及ぼす影響も無視できないだろう。気候変動がある生物へ及ぼす影響を予想するには、関係しそうもない意外な生物間での競争や、食物連鎖について理解を深める必要があるようだ。今後もラップランドに通い続け、厳しいツンドラでたくましくに生きる生物たちの複雑な関係を、一つ一つひもといていきたい。

◀サンプルの入った重いザックを背負って、アビスコの研究所までの帰り道は7時間の山歩き。時折腰をおろしたときに見える雄大な景色が、疲れを忘れさせてくれる。

■円形土を見るためには？　アクセス情報（難易度・中級）

東京からスウェーデンの首都であるストックホルムを経由し、空路でキルナへ。キルナ空港から円形土最寄りの集落であるアビスコまでは、列車や乗り合いタクシーを利用して一時間ほど。アビスコから円形土までは、最短で片道一時間程のハイキング。三八ページのような石に囲まれているオシャレなものを見たければ、さらに標高を上げる必要があり、片道六～八時間のトレッキングとなる。道中は、夏であればブルーベリーをほおばり、色とりどりの高山植物を楽しみながらの行程となる。滞在時間が限られている場合はヘリコプターをチャーターすることも可能で高山帯まで片道三万円程。アビスコでは簡単な食料やキャンプ用品を購入することができる。

シベリアの永久凍土を生き抜く樹木

梶本 卓也
森林総合研究所
専門は森林生態学

世界の森林は、北から、亜寒帯林、温帯林、熱帯林の三つに大きく分けられる。このうち最も広大な面積を誇るのが亜寒帯林（タイガ）である。一般には、北欧やアラスカ、カナダなどに広がる緑濃い針葉樹（トウヒやマツ、モミ類）からなる森で、これらの木々はクリスマスツリーにも使われるので、日本に住む私たちにもなじみがある。しかし、森林の研究者も意外と知らないことだが、タイガにはもうひとつ別のタイプがある。それが、ここで紹介するシベリアの森である。針葉樹でも冬には葉を落とすカラマツの一種[*1]（以下、単にカラマツと呼ぶ）が優占（優勢）しているので、「落葉タイガ」と呼ばれている。また、木々はまばらに生え、林内に立つと空が樹冠（木々の枝葉のこと）でさえぎられることもなく開放的な感じがすることから、「明るいタイガ」と呼ばれることもある。さらに、常緑のタイガと樹種が違うこと以外にも、このシベリアの落葉タイガには大きな特徴がある。それは、地球上で唯一、永久凍土という地面が凍った場所に成立する森林という事実である。[*2]

地面が凍るような場所に、どうして森ができるのか。当然のことだが、樹木が生きるには光とともに水や養分が必要だ。では、カラマツはどのように根をはわせて、土の中

＊1：シベリアに分布するカラマツは、かつてダフリア・カラマツと呼ばれていた。現在は、調査地の中央シベリアに生育する種はグメリニ・カラマツ（*Larix gmelinii*）と呼び、東シベリアに分布する種（*Larix cajanderi*）と区別されている。

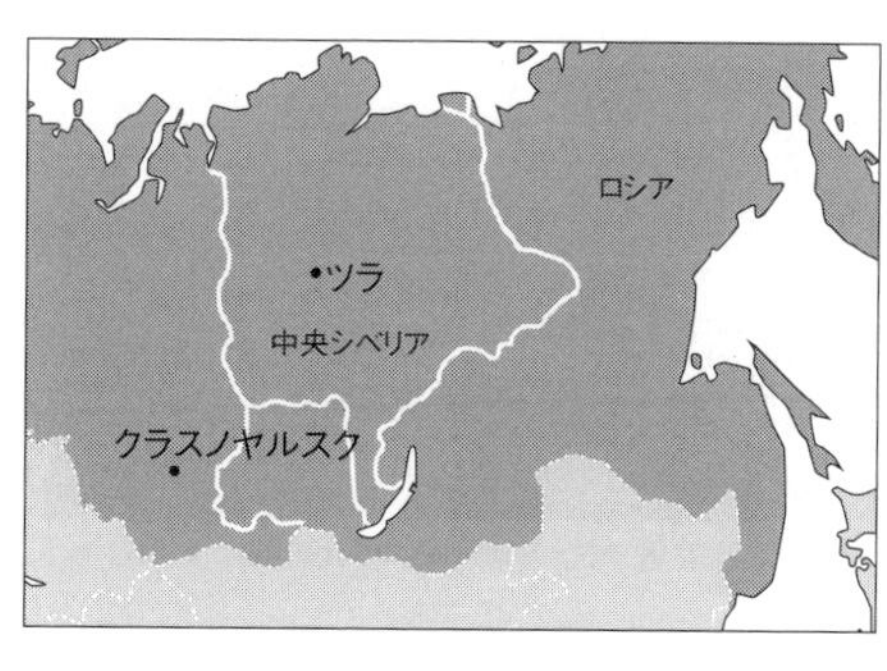

から水や養分を吸収し、生きながらえているのだろうか。そのために、何か秘策はあるのだろうか。

こうした謎を知るために、筆者は一九九〇年代半ばに中央シベリアの辺境の町、ツラを初めて訪れて以来、このシベリアの落葉タイガのフィールド研究にのめり込むことになった。

「明るいタイガ」を地下部から探る

調査を始めた頃は、ロシア人の共同研究者らもこの付近の森にはようやく手をつけたばかりだった。そこで、最初は木々の大きさを測ったり、切り倒した木の成長を年輪から調べたり、ごく基本的な調査から、みんなでとりかかった。筆者自身は、上のような謎を

▲中央シベリアの典型的な「明るいタイガ」。樹齢はおよそ100年だが、木々の高さは10mにも満たない。

＊2：落葉タイガは、中央から東シベリアにかけて永久凍土がほぼ切れ目なく分布する凍土の連続分布地帯に対応して広がっている。シベリアの永久凍土は、深いところでは地下数一〇〇メートルに達すると言われている。一方、北欧やアラスカ、カナダの常緑タイガは、永久凍土が一部には存在するが（不連続分布地帯）、そのほとんどは凍土のない場所に成立している。

◀活動層の断面。掘った地面底の白っぽく見える部分が凍土面。そこから下はまだ土壌が凍っている。地表は地衣類やコケ、低木類で厚く覆われていて、その断熱効果で深くまで解けない。

解く鍵は森林の地下部にあるだろうと考えて、とりあえずカラマツの根っこをひたすら手で掘り出してみることにした。とくに根系（個体の根全体）の分布の様子や、根の年輪を数えて発達の仕方を調べてみた。

地面が凍っているのに、どうして根が掘り出せるのか不思議に思うかもしれない。しかし、シベリアの夏は意外と暑い。日本の真夏のように、日中気温が三〇度を超えることも珍しくない。だから、永久凍土と言っても夏には地面の表層の一部が解けて、そこから根を掘り出すことができるのだ。スコップでさらに深く掘り進むと、やがて刃先が何かにあたってガチンと音がするので、それより深い部分はまだしっかり凍っていることがわかる。この、夏だけ融解する土の部分は「活動層」と呼ばれ、カラマツやその他の植物にとっては生命線とも言うべき大切な場所となる。なぜなら、雨が少ないシベリアでは、この活動層に解け出した水や養分を利用するしかないからだ。

大きな木々も枯れていく森

根系の話をする前に、シベリアのカラマツがどのように成長し、森ができあがるか簡単に見ておきたい。このあたりの森は、一〇〇年に一回程度起こる山火事で焼けると、その直後、地面に落ちたタネから一斉に芽生えて世代交代する。したがって、山火事後に再生した森では、人工林でもないのに木々の年齢がほぼそろっている。こうして新たに芽生えたカラマツは、最初かなり密生しているが、しばらくは旺盛（おうせい）に成長する。例えば、樹高の成長

◀山火事で世代交代したカラマツが密生する若い林（12〜13年生）。焼けたあとに一斉に生えた若木なので、高さもほぼそろっている。

は年間数一〇センチメートルに達する。これは、日本のスギやカラマツとあまり変わらない。しかし、三〇〜四〇年ほどたつと、どの個体もそろって急に成長が低下する。なかには、ほとんど成長を止めてしまうものもある。またその頃からは、小さい個体だけではなく、かなり大きめの個体も結構枯れていく。そして、一〇〇年くらいの成熟した森になると、本数もかなりまばらになって、冒頭で述べたような「明るいタイガ」というまばらな林ができあがる。

ある時期が来ると一斉に成長が低下し、しかも大きい個体も枯死するような森の成長パターンは、たいへん珍しい。なぜなら、私たちが見慣れた森では、隣り合う木々は太陽の光を求めて競争するため、ふつうは大きな木々の陰になった小さい個体から順に枯れていくからだ。例えば、日本のシイやカシなど広葉樹の森、あるいはスギやヒノキの人工林。さらには南の熱帯林でも、この樹木の競争のしくみは基本的に同じである。では、シベリアの森では、どうしてこんな奇妙なことが起こるのか。根系の分布や発達の特徴を手がかりにしたら、ある時期から急に、土壌の水や養分を獲得するのが難しくなることが原因であることが見えてきた。

水平にしか発達できない根

カラマツは針葉樹だが、その根系の基本的な形は双子葉植物と同じで、一本の主根とその周りに側根を持っている。結局、いろんな年齢の林で一〇〇本を超える根系を掘り出したが、そのうち成熟した森（一〇〇年以上）の場合、次

▲カラマツの根系分布の様子。根を掘り出していると、活動層の解けた水がしみ出てきて水たまりになることもある。左は古い林（樹齢約207年）、右は若い林（27年）で掘り出した個体の根系。古い林の個体では、根系が長いのがわかる。

のような共通の特徴が見られた。①主根はあっても短く、先端はすでに枯死していること、そして、②多くの側根が土壌のごく表層部分で水平方向によく伸びていることだ。側根は、なかには長さが一〇〜一五メートルにも達し、木々の高さよりはるかに遠くまで伸びていた。こうした特徴は、もっと若い林（約三〇年生）のカラマツにも見られるので、深さ方向への根の成長は、わりと早い生育段階から制限されていることがわかる。地面の下に凍土があることで、カラマツは横へ横へと根系を発達させるしかないのだ。

根系で閉鎖する森

しかし、根系とともに樹冠の発達にも着目すると、若い林と成熟した林とでは決定的な違いがあることに気がついた。まず、根系が水平的におよそ占有する地表面積を求めて、それが同じ個体の樹冠の面積、つまり枝葉がある部分を地表に投影した時の面積とどのような関係にあるのか調べてみた。すると、若い林では両者の比はほぼ一対一だが、成熟した森では根系は樹冠の三〜四倍広がっていたのだ。木々が若いうちは、根系と樹冠は同じ程度に広がっているが、その後は、樹冠はもう横には広がらずに、根系だけが拡大し続けるようだ。これを森全体の話に置きかえてみると、若い時は、隣り合う木々は樹冠も根系も互いに接しあっているが、やがて地下部だけ根系がびっしり埋まった状態で推移することになる。

　ここで使った樹冠の面積は、木々がいかに太陽の光を獲得できるかを、一方、根系のそれは土壌の資源（水や養分）をどれくらい吸収できるか、それぞれの目安になるものだ。したがって、上のような樹冠と根系の関係から見えてくるのは、カラマツが成長するにつれて、ある時期から光よりも土壌の資源を獲得するために、幹や枝葉の成長を犠牲にして、根系をより張りめぐらせることを優先している姿だ。根系で閉鎖した森、「明るいタイガ」では、最初は温帯の森と同じように木々は光も求めて競争するのだが、そのうち地下部の資源獲得に競争のスイッチを切り替えているようだ。

樹木の成長を左右する活動層

　では、山火事で更新してから三〇〜四〇年という時期になると、土壌資源の制約が強くなるのはなぜだろうか。主な理由には、もともと利用可能な土壌養分が限られていることがある。一般に、亜寒帯林の土壌は栄養が少ないことが知られている。例えば、植物が利用できる窒素の量は、北欧や北米の常緑タイガでもシベリアの調査地でもかなり少ない。しかし、さらに重要なのは、それに拍車をかける永久凍土の森ならではのしくみとして、活動層の厚さが森が発達するにつれて減少する事実がある。

　成熟した森だと、活動層の厚さはせいぜい数十センチメートルしかないが、山火事の直後は、時には深さ一メートル以上まで解けてかなり厚くなる。これは、地表を覆っていた地衣やコケ、またブルーベリーなどの低木が焼けると、太陽の光が地面に直接届いて地温が急に上昇するためだ。しかし、芽生えたカラマツが成長し樹冠どうしが接してくると、掘り出した根系の根元周りを観察した。真ん中の短い主根や、下部にある古い側根はすでに枯死している。数字は根元部分で計測した側根の年輪数。上のものほど年齢が若い傾向がみられ、凍土面に近い根が枯れ、新しい側根が上部から出ているようすがわかる。根系は「根の枯れあがり」で維持されているのだ。▶

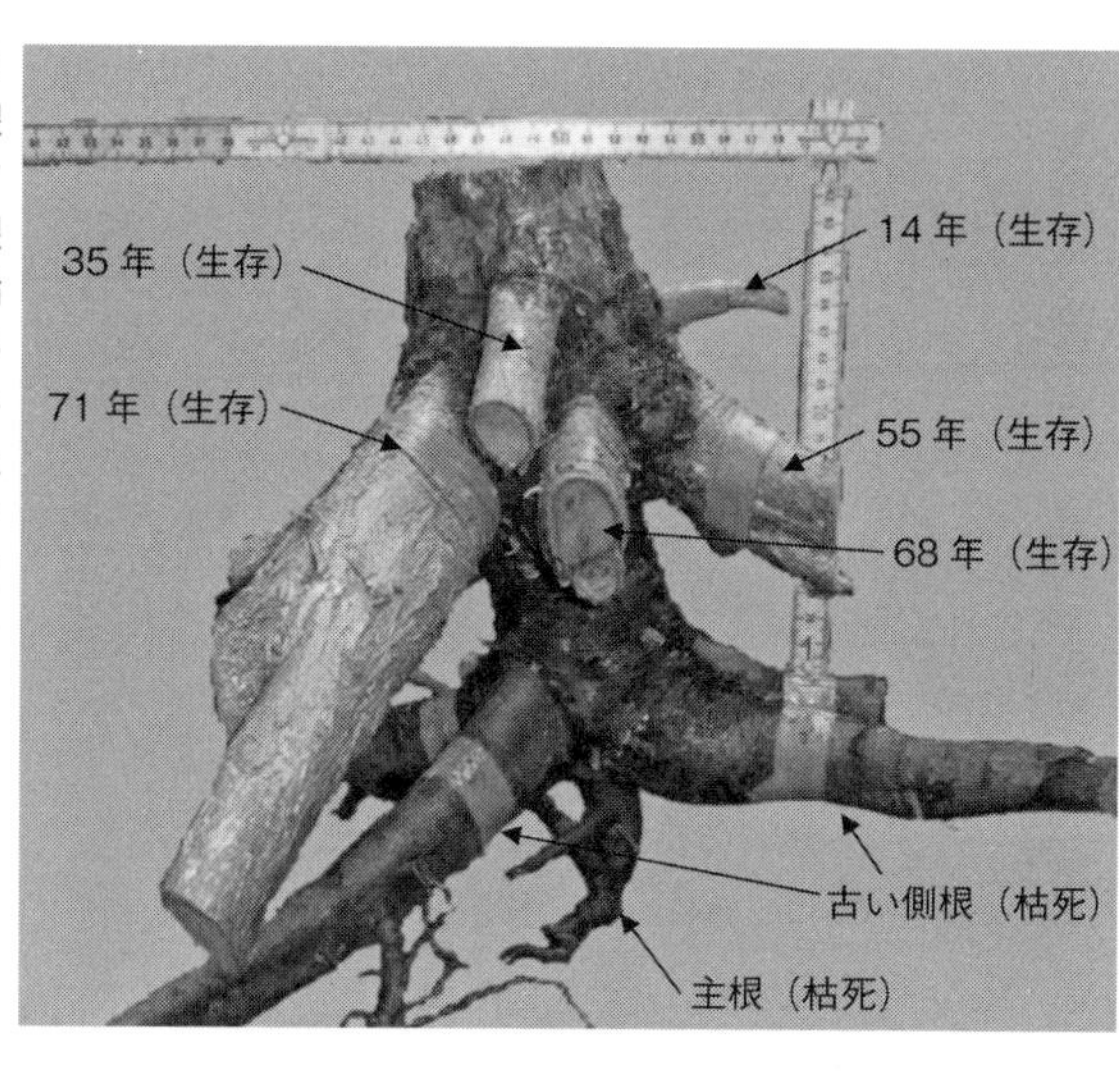

光は地表に届きにくくなる。同時に、林床の植生も回復して地面を覆い始め、光をさえぎるだけでなく、その断熱効果で夏でも地温があまり上がらなくなる。その結果、活動層の厚さが急激に減少し、根が生育できる空間が狭くなる。そのため、利用できる水や養分も急に制限されてしまうのだろう。床に敷いた厚いじゅうたんのように、とくに地衣やコケが地面を覆う断熱効果は大きい。だから、この被覆の影響が強くあらわれるタイミングが、おそらくカラマツの成長が揃って低下し、地下部での資源獲得に競争のスイッチが切り替わる時期にあたると考えている。山火事で世代交代をして、せっかく凍土の呪縛から解放されて勢いよく成長しても、森が発達するせいで木々はその成長をとめてしまうことになるとは、なんとも皮肉な話である。

根の枯れ上がりで耐える

こうした活動層が徐々に狭まる影響の痕跡は、カラマツの根系にもしっかりとどめられている。例えば（上の写真のように）、掘り出した根元まわりを観察すると、すでに述べたように主根の先端が短く枯死していること以外にも、水平方向に伸びる側根のうち、下方の古くて太い根も枯れていることがわかる。

さらに、上方に残る生きた側根について、それぞれ主根から伸び始めた時期を年輪で調べたところ、より上部にある細い根ほど若い傾向にあった。これらの事実は、活動層が狭くなってくると、凍土面に近い下の古い根は、おそらく低温や過湿のために成長が抑えられてやがて枯死するが、その代わりに新しい側根が上部から順次出てきて、根系が全体としてうまく維持されることを物語っている。この「根の枯れ上がり」で根系を若返らせるしくみは、カラマツが永久凍土という厳しい条件で生き抜くことができる秘策のひとつに間違いないだろう。

しかし、シベリアの「明るいタイガ」には、まだ多くの謎が残されている。そのひとつは、地下部の資源獲得をめぐる木々の競争である。たしかに、ここでは大きいカラマツも枯れてゆくので、地下部の競争では、サイズが大きいことが必ずしも有利に働かないようだ。つまり、最初のスタートダッシュでつまずいた個体も、「根の枯れ上がり」でしのぎながら、水平方向にうまく根系を配置して、その小さい体に見合う分の水や養分を獲得できさえすれば、生き続けられるのかもしれない。最近、なんとなく弱肉強食の雰囲気が色濃くなってきた人間社会に比べると、この弱そうな者でも生き残れるシベリアの森は、なかなか平和で魅力的なシステムに思える。今後、こうした樹木の生き残りの仕組みといった視点から、この森の謎をめぐる研究がさらに進むことが期待される。

■「明るいタイガ」に行くには？　アクセス情報（難易度・上級）

調査地のあるツラへは、日本からまる二日の長旅である。まずモスクワで乗り継ぎ中央シベリアの玄関口、クラスノヤルスクへ。そこから国内線でさらに北へ一〇〇〇キロメートル、三時間弱のフライトで到着する。滞在は、スカチェフ森林研究所（ロシア科学アカデミー）の施設を利用する。ここには、五〜六人収容できるログハウスが数棟と、台所やバーニア（サウナ）などが整っており、夏季（七月〜九月中旬）には研究所のスタッフがだいたい常駐して、自炊しながら調査を行っている。周囲の森へは、小屋の眼の前を流れる大きな川（コチョチョム川）沿いにモーターボートでアクセスする。初夏は、この川で泳げるほど暑い日もあるが、九月初頃には雪がちらつき、寒くて調査どころではなくなることもある。また、川の水位が低いとボートで行けない場所も出てくるので、実際のフィールド調査時期はかなり限られることに注意したい。

ツンドラファイヤー　永久凍土帯の野火が生態系に与える影響

露崎（つゆざき） 史朗（しろう）
北海道大学大学院
地球環境科学研究院
専門は
植物生態学

「ツンドラバード」という中島みゆき作詞の歌がある。ツンドラバードは、日本では絶滅危惧（きぐ）種と天然記念物に指定されているオジロワシ（尾白鷲）を指す。オジロワシは、冬を北海道で過ごし、夏にはツンドラが広がる極北の大地、シベリアにまで移動する。オジロワシは、ツンドラでははるか彼方のかん木（イバラや低木性のヤナギ、カンバなど）に隠れた獲物を見つめ、そして未来をも見つめている、と歌われている。

ツンドラ

ツンドラは、ロシア語で「木のない平原」を意味する。そのため、オジロワシは遠い彼方にいる獲物を容易に見つけ出せる。なぜ、木は育てないのだろう。そのためには、ツンドラに広がる永久凍土を知る必要がある。

永久凍土とは、二年より長く凍り続ける土のことを指す。凍土の中でも、土壌表面近くの部分は夏には解ける。この部分を「活動層」という。活動層の下は常に凍った土壌で、植物はそこに根を下ろすことはできない。また、凍った状態の水を使うこともできない。アラスカのセワード半島で火災などの影響を受けていない平坦地では、活動層は深さ

五〇センチメートル程度である。

私はシベリアとアラスカのツンドラで、地元では夏と呼ぶ人もいる八月に積雪を経験した。八月中ごろにもなると、カンバ類などは葉が黄色くなり始める。夏と言いつつも植物は、冬の準備を着々と進めている。このように植物が成育できる期間はとても短い。この短い成育期間に土壌表面近くにある水しか利用できないため、大量の水分を必要とする高木は成育できない。そこで、ツンドラでは、背丈の低い、コケ類や地衣類、草本、低木などが優勢な生態系となる。低木のほとんど全ての種は人の肩程度の高さまでしか伸びず、チシママメヤナギでは高さ一〇センチメートルにも満たない。温度と水について極限環境であるツンドラは、南極域や高山にも分布し、その総面積は八九〇万平方キロメートルに達し、陸地の六%を占める。

永久凍土の分布とツンドラ

永久凍土は、凍土の発達様式から、連続、不連続、点状分布の三地域に区分される。連続凍土は、どこを掘っても永久凍土が存在し、連続して凍土が分布する地域である。不連続凍土とは、例えば、山の北斜面には永久凍土が発達し、南斜面では見られないような地域である。北半球では、北に向かうにつれて不連続凍土帯から連続凍土帯に変化する。連続凍土帯南限に近いアラスカのフェアバンクスでは、年平均気温がマイナス三度、冬にはマイナス三〇度～マイナス四〇度に達する。フェアバンクスでは森林がなんとか発達するが、北極海に向かいブルックス山脈を越えると「最北のクロトウヒの木」と記した立板があり、それより北で高木は見られない。この山脈を、全滅の危機に瀕した村の人々を移住先に先導したフランク安田（アラスカ先住民にジャパニーズモーゼと呼ばれる日系一世）の一行は、徒歩で越えて行ったかと思うと感慨深い。

しかし、地球温暖化に伴い、永久凍土の分布は大きく変化しつつある。そのため、ツンドラは温暖化の影響を最も受けやすい生態系の一つと考えられている。これまでは、極限環境に適応してきた動植物が、微妙なバランスを保ちながらギリギリの生活を送っていた。しかし、ツンドラ生態系は、この微妙なバランスが少しでも崩れれば、大きく変化することは疑いない。

ツンドラファイヤー

ファイヤーは、火と訳すのが普通だろうが、ここでは、さらに大きな火で「火災」と訳したい。アラスカでは、夏に落雷による自然発火が多発する。ツンドラでも火災は発生する。降雨が少なく乾燥した年に発生する火災は大規模化することが多く、さらに火災強度も増している。ツンドラの植物は、ふだんは極低温世界に生きつつ、時に火災による極高温でも生きねばならないという、ダブルの極限世界を体験していることになる。

ツンドラでは火災の燃料となる植物はそれほど豊富でもないのに、なぜ火災が発生するのだろう。その答えは、泥炭（ピート）と呼ばれる、植物でもなければ土でもない、厚く堆積したものに隠されている。泥炭は、枯れ葉や枯れ枝等の植物遺骸（いがい）が完全には分解されず堆積したもので、炭化により黒っぽいことが多い。言わば火災燃料の塊で、良く燃え、チベットでは今でも燃料にする。世界の泥炭地を合わせると、大気中の全炭素量に相当する五〇〇〜一〇〇〇ピコグラム（一ピコグラムは一〇〇兆グラム）の炭素を保有している。

火災多発地域では、火災に対する植物の適応進化がみられる。火災の多い地中海性気候の地域では、火災で生じた煙が種子発芽を導く「煙誘導発芽（けむりゆうどうはつが）」という現象が知られる。アラスカ南部の針葉樹林に見られるクロトウヒは、球果（きゅうか）（マツボックリ）を取り巻く松やにが火災の熱で揮発すると、球果を開き種子を散布する。

火災に対する植物の応答：シーダーとスプルーター

私たちは、ツンドラファイヤー後の植物の回復過程を、アラスカのセワード半島内陸部で調査してきた。

調査地では、二〇〇二年の八月から一〇月までの三か月にわたる大規模火災が発生した。車一台が、やっと通れるような未舗装道路が防火帯として機能し、道路の東側は火災を受け、西側では飛び火もなく火災はなかった。そこで、この火災地と非火災地とを比較することで火災の植生に対する影響が調べた。

セワードの調査区内に認められる焼け跡（2013年8月）。火災から10年経過しても、場所によっては、なお炭により黒く見える部分が残っている。▶

まず、植生はどのように回復しただろうか？　火災に対する植物の応答は、シーダー（種子屋さん）とスプルーター（萌芽（ぼうが）屋さん）の二つに分けることができる。シーダーは、火災後、主に周りの植物が散布した種子によって回復する手段をとる種のことを言う。一方、スプルーターは、種子によらず燃え残った部分から植物体を再生する「栄養繁殖」という手段による回復方法である。

回復の主体は、スプルーターであることが特徴であった。森林では、火災強度が強ければ、そこにいる植物は死滅してしまうため周囲から種子により進入できるシーダーが、弱ければ生き残った植物が再生できるためスプルーターが、火災後に優勢になる。しかし、もと

◀アラスカ西部、コバック付近にて発生したツンドラ火災直後の景観。手前に見える多角形模様は氷楔ポリゴンと呼ばれる永久凍土の存在を示す周氷河地形で、平均的な多角形の直径は7〜10m（2017年6月、朝日新聞社機「あすか」から、岩花剛氏撮影）。

もとシーダーの少ないツンドラでは、火災強度が強くてもスプルーターが回復の主体にならざるを得ない。このことは、各植物種の火災強度に対する耐性の違いが植生回復様式を決定していることを意味している。

火災から一〇年間で、火災地では、蘚苔類・地衣類・常緑低木が少なくなる一方で、ワタスゲと落葉性低木であるクロマメノキが増加した。クロマメノキは、ブルーベリーのことで調査中の人間にも貴重な栄養源である。火災地では、地表面を覆う植物が減り、さらに炭により黒くなった地表面は太陽光エネルギーを吸収しやすい。そのため、火災を受けたところの土壌では融雪期に温度上昇が起こりやすく、凍結融解をくり返す活動層は厚くなる傾向がある。そして、活動層の変化と植生の分布パターンはほぼ一致した。これらのことは、火災に対する反応は種により異なり、また、火災による活動層の変化が間接的に植生発達に影響していることを示している。

火災による地形変化と植生

永久凍土帯には氷楔（ひょうけつ）（アイスウェッジ）が発達したポリゴン（多角形）地形が形成されることが多い。氷楔とは、土壌の間に楔のように発達した氷の柱のことで、解けては凍りを繰り返しながら、長い時間をかけて成長する。氷楔の軌跡を上空から見下ろすと、網目状をした多角形に見えるので、ポリゴンと呼んでいる。この氷楔部分が融けると、その部分だけが沈み込みし、窪地が網目状に発達しサーモカルストと呼ばれる地形が形成される。サーモカルストの形成は、主に氷楔部分で起こるため、沈降の軌跡も網目状に見える。ツンドラの比較的平坦な地形上には、ポリゴンが発達していることが多い。

セワード半島の調査地では、火災三年後の衛星画像から、火災前には認められなかったサーモカルストの発達が確認できた。しかし、肉眼では初期にはまったく気づかず、現地調査への着手が遅れてしまった。サーモカルストは非火災地では認められなかったので、火災による土壌温度の上昇が沈み込みを引き起こしたのは明らかである。そこで、生態系に対する火災の直接的な影響と、火災に伴う沈降を介した間接的な影響が調べられた。上に紹介したように、火災地ではワタスゲとクロマメノキの増加が見られた。これには、火災の直接の影響と、サーモカルストの発達という地形の変化の影響との両方が関係しているのだろうか。

火災による植生変化は、ポリゴンの見られない火災跡地とほぼ同様であった。火災跡地では、種数は火災強度が中程度のところで高かったが、一方で火災が強いところでは低かった。したがって、現在よりも強い火災が発生することは多様性に負の影響を及ぼすと予測された。

サーモカルストの植生に対する影響は、直接的な火災の影響ほど大きくなかった。しかし、サーモカルストの部分で優勢になる種も見られた。このように、火災によ

火災後に発達したサーモカルスト。植生との対応関係を知るために、サーモカルストに直交するように調査区を設置している（2013年8月）。▶

り誘導されたサーモカルストの発達と活動層の変化は、着実に進んでいる。したがって、サーモカルストと活動層を介した火災の生態系に対する影響は、火災直後ばかりでなく長期にわたり継続するものと考えられる。

ツンドラの未来

温暖化は、近年の気象をも変え、アラスカでは乾燥した時期の落雷が増えている。温暖化に伴うツンドラファイヤーの大規模化は近年に目立つようになったため、研究は始まったばかりである。少なくとも、ツンドラに眠る泥炭が燃焼すれば、膨大な二酸化炭素放出により温暖化は加速されるだろう。ツンドラは、暖化効果の高いメタンの放出源としても知られ、永久凍土中は、多量のメタンを蓄積している。これらが複合して、極限に生きる動植物の聖地が、温暖化に代表される人間活動により大きく変化しつつある。今後、火災強度がさらに増せば、これまでとは全く異なる変化が起きる可能性もある。ツンドラバードが見つめる未来を明るくするのも暗くするのも、我々次第である。

■セワード半島の調査地へのアクセス情報（**難易度・中級**）

セワード半島は、アメリカ合州国のアラスカ州西部にある。アラスカのアンカレッジ空港あるいはフェアバンクス空港から国内線のノーム行きに乗る。ノームからは、内陸に向かって車で半日ほどの移動時間を見ておくとよい。ノームを離れると、人に遭遇することはまずないので、衣食住および緊急時に対して事前に入念な準備をしておく。

◀森林限界を超えたツンドラから遠方を望む。遠景にペチョラーイリチ自然保護区のシンボル、不思議な岩石群が見える。

島野（しまの）智之（さとし）
法政大学自然科学センター
ダニマニア
専門は土壌動物学，ダニ学

前人未踏の地にササラダニを求めて

ヨーロッパの最大級の原生林、ペチョラーイリチ自然保護区に行かないか？ロシア・スイスの共同チームに誘われて、「行く」と即答した。調査項目に、ダニを含む土壌節足動物を追加してもらった。かなり乱暴な調整だが、それでも来いと言う。受け入れられた理由はあとからわかった。

誰も知らないダニを探しに、ロシアへ

ダニ類はクモガタ綱に所属し、クモやサソリの仲間である。昆虫は脚が六本なのに対して、ダニはクモと同じ脚は八本。世界で学名がついている昆虫は一〇八万種（あるいはそれ以上）といわれているが、ダニ類は約五万五〇〇〇種で陸上節足動物では二番目の種数である。クモ類は約四万五〇〇〇種で、体の大きなクモよりも、極小のダニの方が学名のついている種数は多い。ダニ類は体が小さいだけに、まだまだ新種は発見されると考えられており、一〇万〜二〇万種にはなるだろうと予想されている。

また、その多く（約九七％）は、人間とは何の関係ももたない自由生活性のダニであり、一般のダニのイメージは、実

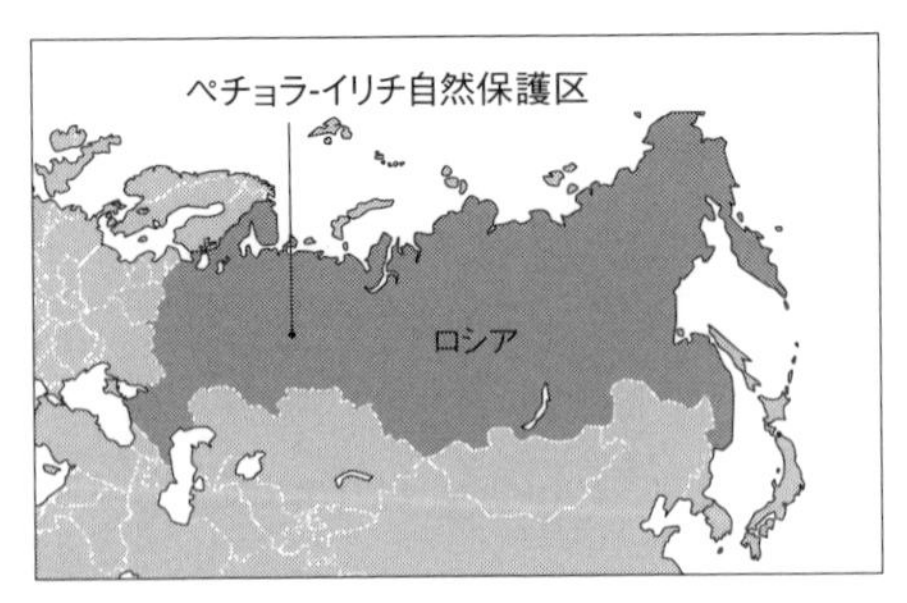

際よりもずいぶん悪者扱いされている。

四億一〇〇〇万年前(恐竜やほ乳類が現れるよりも前)に地球上に現れたダニ類は、身体を小さくし、捕食性のみの他のクモガタ類とは異なり、さまざまな食性をもつことで、あらゆる環境に適応し、種の多様性を維持しているのではないかと私は考えている。

私の研究対象であるササラダニ類は、分解者としての土壌に生息するダニである。低緯度地域(つまり赤道周辺)で種数が多くなり、高緯度地域では種数が少なくなる傾向にある。日本では環境にもよるものの、森林内では一平方メートルあたり、二万～一〇万頭もの個体が林床に生息しており、種数も約五〇～一五〇種がその中に生息している。

彼らの森林での役割は、落葉落枝を分解することだ。ササラダニ類がまずこれらを食べて、フンとして排出する(物理的分解)。ササラダニ類などの土壌動物のフンは、表面積が格段に広がっている。これを、カビやバクテリアが無機化する(化学的分解)というのが一般的である。

ササラダニ類は環境の影響を強く受ける。ササラダニ類には、中央分離帯の土壌やコンクリートビルディングのコケのような都市環境でも平気で生息する(むしろ好んで生息する)種もいれば、手つかずの自然林でないと生息できない種もいる。一度でも森が

タイガに流れるペチョラ川を、3名乗りの小さなボートに別々に乗り込んで、まる1日かけて移動する。▶

伐採されると、表層土壌がかく乱（かき乱すこと）を受け、自然林でないと生息できないサラダニ種は、環境適応幅が狭いために消え去ってしまう。

例えば、気温が高い熱帯雨林で森林が伐採されても、二〇～三〇年の短期間で見た目は普通の森に回復する。しかし、飛ぶことができる昆虫はその森に戻って来れても、羽をもたず移動する手段のない土壌ダニが、かく乱を受けた土壌に戻ってくることは非常に困難である。このような理由から、人為的な干渉を受けた二次林から、珍しい、あるいは未知のダニが見つかることはほぼない。

誰も行ったことのない自然から、誰も知らないダニを発見したい。かく乱を受けていない原生林で、かつ、広い面積をもつ森は一般的に極めて多様、かつ貴重な生物種が生息していると考えられているため、今回の調査に大きな期待が高まった。

それにしても、年間平均気温 マイナス〇・四℃、ペチョラ－イリチ自然保護区は、夏でも手強そうだ。ペチョラ－イリチ自然保護区は、ロシア連邦コミ共和国内のウラル山脈北部、ヨーロッパとアジアの境界線、ウラル山脈の西斜面にある。材木を切り出すのに不便な奥地であったため、原生林として残ったらしいが、地下の金鉱脈の掘削のために、何度も開発の危機がこの森に訪れた。しかしながら、原生林の価値から先に世界遺産登録をすませていたため、コミの最高裁判所の判断は掘削を退けることに成功し、現在も貴重な原生林を残しているのだという。

ダニはあらゆる極限環境に生息している

ダニ類は、あらゆる環境、深海から高山までに生息している。南極、ヒマラヤのような高山からは、土壌有機物を食べるササラダニ類が、深海では伊豆半島から小笠原諸島にかけて水深六七〇〜六八五〇メートルから、有機物／捕食性のウシオダニ類が獲られている。四〇℃以上の温泉の熱に耐えられるオンセンダニが新潟の燕温泉から新種記載されているし、暑い浜辺の岩の上などに生息しているハモリダニ類は、六〇℃の熱に耐えている。

究極の極限環境の一つは、マンションの乾燥した室内かもしれない。最近のマンションにはゴキブリさえいない。その室内から見つかるヒョウヒダニ類は、他の生物が生息できない過酷な環境であるマンションの室内で、人間と同居している。フランスとドイツの、限られた地域では、チーズを熟成するために用いられるチーズコナダニがいる。

しかしながら、ヒョウヒダニ類もチーズコナダニ類も野外からは決して見つからない。人間が家を持つ近代的な生活（二〇〇〇年ほど？）をする以前には、彼らは動物のすみかに生息していたのではないかと考えられているが、実際に動物のすみかからは彼らが見つかったことはないようだ。二〇〇〇年は、一つの形態種あるいは分類群が分化するにはあまりにも短い年月なので、きっと人間の近代的な生活以前から、その種はどこか地球上に生息していたに違いない。今のところ彼らが地球上のどこに生息していたのかは謎である。ある特殊な環境に適応できるごく少数派のスペシャリストが、特殊な環境下で個体数を爆発的に増加させるのが、ダニ類なのではないかと考えている。

ロシア標本の重要性

分類学・博物学はヨーロッパで発展したため、ヨーロッパではササラダニ類にも、ほぼ学名がついている。新種として新しく学名を与えるためには、その種が過去に学名を与え

調査機材と防寒具をすべて持って徒歩三時間の道のりを調査キャンプへと向かう。▶

られたどの種にも該当しないことを確認する必要がある。本来は学名を与えた論文の中で、その種の特徴（形態的特徴・形質）が述べられているので、その特徴について新種と思われる種と比較する。しかし、過去にはそれほど詳細な観察が必要ないと思われた形態形質も、分類学が進歩するに従って、より多くのさまざまな形質を比較することが必要になる。そうなれば、過去の論文の記載だけでは不十分となり、学名に名前を与えたときに用いられた標本の観察が必要になる。

もとから小さなダニのプレパラート標本は、五〇年以上前のものなどは保存性が悪く、失われていることも多い。運良く博物館などから借りられても、詳細な顕微鏡観察に耐えられず、使い物にならないことも少なくない。そこで、改めて新鮮な標本を手に入れる（借り出す）必要がある。もちろん、ＤＮＡを抽出できる採集許可を得た新鮮標本には大きな意味がある。このような訳で、博物学の中心の一つとして、過去に多くの新種が記載されたロシアのササラダニの標本には大きな意味があった。

ヨーロッパ最大級の原生林は、日本のササラダニ研究にとっても意味のある採集地だ。もちろん、広大なロシアである。研究すればするほど、新種が次々に出てくることが予想された。残念ながらササラダニ類はあまりにも小さく、昆虫や植物のように、現地で良いものがとれたかどうか、全く見当がつかない。標本を研究室に持ち帰って顕微鏡で観察して、初めて新種となる可能性のある標本かどうかがわかるのである。

タイガ（針葉樹林）からツンドラ（寒地荒原）へ

タイガの中を歩くのは苦労した。寝袋やら土壌動物を抽出するための、ツルグレン

◀クマの新鮮な爪のあとは毎朝見かけた。

装置という機材の入った荷物やらを背負って、数時間歩くのだ。タイガの中は倒れた木が分解されず、まるで井桁（いげた）のように折り重なり、コインでも落とすと、果てしもなく下の方にまで落ちて行ってしまう。そこからは、無数の蚊やブユが沸きあがってくる。顔に蚊帳を袋状にしたものをかけて（最近の日本では、この袋状のものが売っていない）、長い道のりを移動する。白夜なので、全く暗くならない。移動は続き、夜の一〇時に調査用ベースキャンプに到着する。夜の一一時に日が暮れて、二時間後の一時には日が明けてくる。

何とかツンドラに手がかかるようなところまで来る。手に切り傷が多くなったと思ったら、大きな黄金色のブユが大あごで皮膚を切り裂いて、体液を直接なめている。頭にはシラミバエが知らないうちについている。

我々の入ったツンドラは、短い夏に表面付近の土壌が解け、コケ植物、地衣類や草本類などが生育する。いくつかある調査地点の小屋までは、数時間かけて歩く。その日のうちにはベースキャンプに戻れないので小屋に泊まる。人が入れる短い夏の期間、クマの子育て時期とぶつかるので、あちこちの木の幹にクマの新鮮な爪痕がある。小グマの足跡もある。さあ休憩しようと座ったら、クマの糞が周囲にある。でも、もう気にならない。一日クタクタになるまで働いても、日が暮れないのは困る。川で水浴びをして寝袋にうずくまる。そして一時間もすると朝が来る。

初めてベースキャンプの天井を見て、僕は声を上げた。天井は一面、小さなツルグレン装置で埋め尽くされていて、狭い空間でたくさんの土壌動物が抽出調査用ベースキャンプの天井に下がったツルグレン装置。土壌やミズゴケをロートの上に載せ、乾燥によって土壌から土壌動物（トビムシ類やダニ類）がはい出して、下にあるアルコールのびんに落ちるしくみ。▶

されていた。そして、誰かが言った「トビムシの調査はしているが、ササラダニは全部おまえのだ、持って帰れ」。おかげで、帰りがけに、どっさりササラダニ類を持たされることになった。

ダニたちが命名を待っている

現在、その試料の中からたくさんの未知のササラダニが得られ、現在、そのダニたちに学名を与えるために準備をしている。しかし残念ながら、その多くは過去の論文や他の標本を観察しないと、本当に新種なのかどうか、はっきりしない。つまり、出てくる新種候補を、一つずつていねいに調べているが、なかなか手強くて困っているのだ。

ロシアは広大な国土をもち、たくさんの新種となるべきダニ達が学名をつけられることを、待っているはずである。最近、ロシアの研究者が、なぜ海外特に熱帯地域からばかり新種記載をするのかといぶかしく思っていた。亜熱帯や熱帯からは、奇妙奇天烈（きてれつ）な姿をしたササラダニ達が、どんどん出てくる。過去に学名がついていたかどうか、すぐに見分けがつく。しかし、高緯度地域のロシアのササラダニ類は、どれも似通った姿ばかりで、過去に学名のつけられた種と同じなのかどうか、はっきりしないものが多い。一八〇〇年代以降に学名がつけられた全ての種を注意深く比較・検討してからでないと、本格的な新種記載の研究に手をつけることさえもできない。ロシアの近年のササラダニ研究者が、好んでロシア以外のササラダニ類を研究対象とす

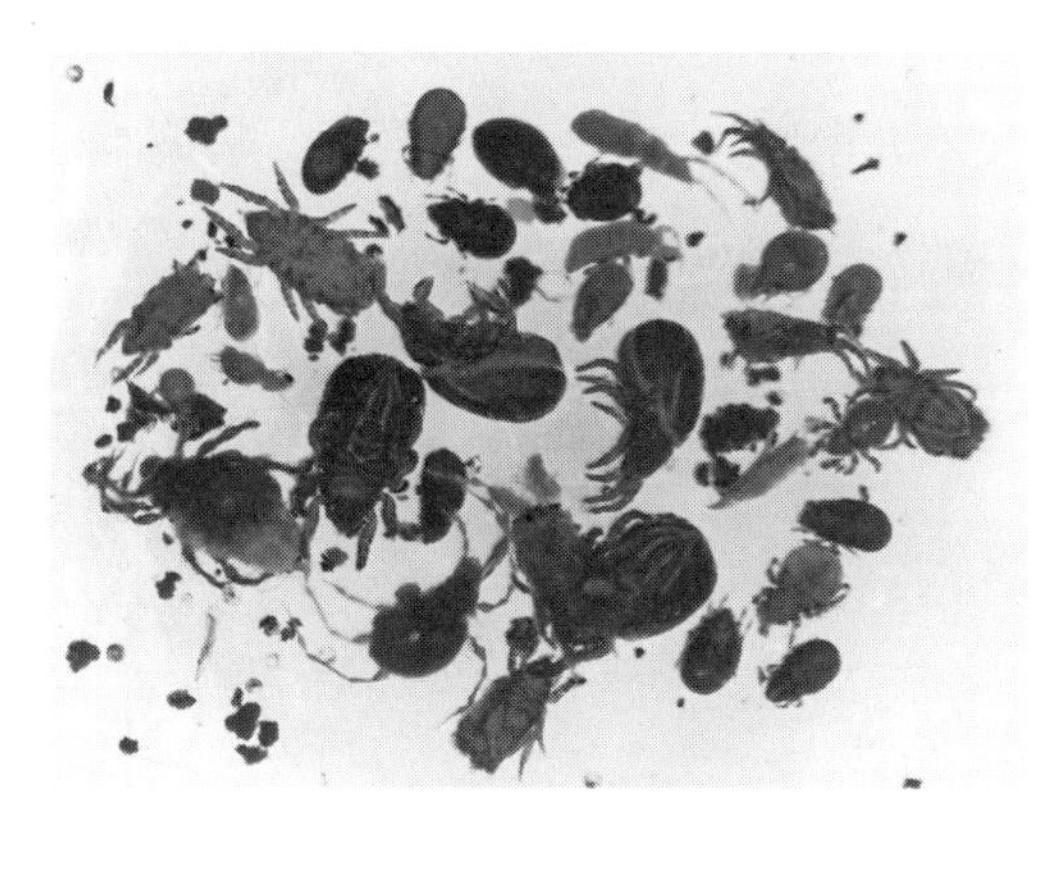

◀ペチョラ−イリチ自然保護区のササラダニ類。このなかに数種未記載種が含まれている。

るその理由がよくわかった。しかしながら、DNA情報など、得られた情報も多いので、これらの標本からアッと言わせるような内緒のデータを、着々と準備をしているところである。

お互いの信頼がなせること

僕自身、今回のロシアのタイガ・ツンドラなどの高緯度地域、赤道付近の低緯度地、そして、南半球。あるいは、潮間帯から数十メートルの樹冠までに生息するさまざまなササラダニ類を見てきた。

その調査を支えていつも助けてくれる海外の友人達には、感謝してもしきれない。僕も気軽に命を彼らに預けてしまっているが、お互いの信頼関係を信じているからこそ出来る。その土地に行けば、その土地のものを食べて、文句は言わずルールに従う。誠意ある対応を行い、安全に行動し、多くの業績を上げていきたいものである。

■ペチョラ−イリチ自然保護区へ行くには？　アクセス情報

（難易度・上級。手助けのない限り、到達不可能）

ペチョラ−イリチ自然保護区は、ロシア連邦コミ共和国内のウラル山脈北部の西斜面にある。夜は五℃程度まで冷え込む。寝袋を含めた装備は全て自分で背負い、数時間のタイガの徒歩移動にも耐えなければならない。

▲タイガを流れるペチョラ川。

モスクワから国内線に乗り換えウフタの軍事・民間共用空港に降りる。予約タクシーで未舗装道路を三時間、調査ベースのひとつヤークシャ村へ滞在。

ヤークシャ村に、不定期の四輪駆動UAZのタクシー（非登録営業・白タク）が来るのを見計らって乗せてもらい、ロシア科学アカデミーが雇用しているガイドと待ち合わせて、ボートでペチョラ川をさかのぼる。白夜のため日が暮れず、深夜に調査ベースキャンプに到着。ヤークシャ村から丸二日間。各調査キャンプはさらに徒歩で五時間。

毎日食事に出される淡水魚のマリネだけは、寄生虫が疑われるので食べないこと。衛星携帯電話、クマ避けにペン型SOS信号弾は必要。予防接種一五万円。

山へ

「なぜ山に登るのか?」生態学者にとって、その答えは「そこに山があるから」ではなく、「そこにおもしろそうな研究対象があるから」。昨今の登山ブームで、使い込まれた装備に身を包んだ登山者に加え、華やかな姿の若者など、山で人に出会うことも多くなった。その人たちが登山道を登った先に目指すお花畑や、荒々しい山肌、荒涼とした火山の風景などは、生態学者たちにとっては仕事場である。この章を読めば、今まではさりげなく通り過ぎていた山の景色の中に、生きもの達が織りなすさまざまなドラマを見て取ることができるようになるだろう。あなたの山歩きは、今よりも三倍は楽しくなる(かもしれない)。

温帯に浮かぶツンドラ：高山植物の生きざま

工藤 岳（くどう がく）
北海道大学
地球環境科学研究院
専門は
植物生態学

◀雪解けの極度に遅い場所に見られるコケ群落。後方はトムラウシ山（8月下旬撮影）。

山に登る。うっそうとした針葉樹林帯を抜けると突然、明るく開けた高山帯が現れる。そこは、北海道の奥深い森林の海に浮かぶツンドラの世界だ。

高山帯に生きる動物や植物は、同種や、あるいは近縁種がアラスカやシベリアなどの高緯度地域に広く分布するものも多い。それらの多くは氷河期に中緯度へと南下し、氷河期が去った後に高山に取り残されたものである。しかし、生物にとっての高山環境は、高緯度地域の環境とはかなり異なる。高山生態系に特有の生活特性を進化させてきた動植物も多い。高山環境に生きる植物は、隔離された温帯の山の上でどうやって生き延びてきたのだろうか？　北海道大雪山（たいせつ）で三〇年間観察を続けているうちに見えてきた、高山植物の生きざまの一端を紹介しよう。

気候で見れば、登山は数千キロの大旅行

寒冷な気候と短い夏は、高緯度ツンドラと中緯度高山帯に共通の特徴だが、高山帯の温度変化は標高の違いによって大きく変化する。日本付近では標高が一五〇メートル上昇すると気温は約一度下がる。一方、緯度に沿って一度の気温変化が生じるには、約二〇〇キロの南北移動が必要である。つまり、標高に沿った気候変化は、水平移動の一〇〇〇分の一以下の移動で起こる。標高変化には、気候変化が凝縮されているのだ。森林帯から高山帯への登山は、気候的には緯度にして数千キロの大旅行をしたことに相当する。中緯度山

岳地域においてわずかな標高の違いにより生物相が大きく入れ替わるのは、このためである。

植物にとっての生育環境は、高山帯の中でも大きく異なる。登山をする人なら、真夏でも高山帯に雪渓（せっけい）が残っているのを知っているだろう。場所による雪解け時期の違いは、複雑な山岳地形によってもたらされた積雪量を反映している。わずか数十メートルの違いで雪解け時期がひと月以上も変わる状況が、高山環境ではいたるところに存在する。

大雪山の高山帯では、植物の生育に適した季節は五月末から九月中旬までの四か月足らずである。一年間の三分の二以上は、雪と氷に閉ざされている。植物の成長は雪が解けてから始まるので、雪解けの遅い場所に生える植物にとって、実際に生育できる期間は二か月にも満たない。短い生育期間で成長と繁殖を完了できる植物種は限られるから、高山植物群落の構成種数は雪解けの遅れとともに少なくなる。八月にようやく雪が解ける場所では、維管束植物はほとんど見られない。そこでは、鮮やかなお花畑とはほど遠い、蘚苔類（せんたい）や地衣類のみの単調な群落になる。植物にとって、まさに極限状態である。高山植物が生き延びるためのハードルは低温だけでなく、生育期間の短さでも高いのだ。標高と雪解け時期の違いが生み出す環境変化。それは山岳環境の生物多様性を生み出す原動力である。

高山に適した植物の姿

寒冷、強風、強い日射にさらされる高山植物は、葉が小さくて地べたに這いつくばった形のものが多い。マット状の生育形態は、世界各地の高山植物に共通する性質である。地理的に遠く離れた山岳地域であっても、全く異なる種間で、驚くほど形が似ている植物も多い。例えば、熱帯地方ボルネオ島のキナバル山（標高四一〇〇メートル）に分布するフトモモ科の植物レプトスペルマム・レクルビウムは、標高三〇〇〇メートル付近の山地帯では五メートルほどの中低木だが、標高とともに樹高は低くなり、山頂付近の高山帯では樹高数センチのマット状の形態を示す。そのさまは、北半球の高山帯に分布するイワウメにとてもよく似ている。熱帯といえども、標高四〇〇〇メートルともなると平均気温は一〇度を下回り、夜間は〇度近くまで低下する。直射日光にさらされる日中は、乾燥ストレスが強い。このような過酷な環境では、小さな葉を密生させることで水分損失を抑えつつ、地表付近の暖かい微環境をうまく利用して光合成を行っているのだ。

短い季節に生きる術

温帯の高山帯では生育期間が極度に短いため、高山植物はゆっくりとしか成長できない。そのため高山帯には、一シーズン中に芽生えから繁殖までを完了する一年生植物はほとんど存在しない。一方で、ものすごく長生きの植物も多

◀一回繁殖型のミヤマリンドウ

熱帯高山に生育するレプトスペルマム・レクルビウム（左）と温帯高山に生育するイワウメ（右）。どちらも、地面に張りつくように生える、小さな葉をつけるなどよく似た性質をもつが、それぞれフトモモ科とイワウメ科の植物で、類縁関係は遠い。▶

い。例えば、イワウメの年伸長量はわずか数ミリだが、一〇〇〇年以上の寿命を持つといわれている。直径数十センチの株でも、数百年たっていることになる。大雪山のアオノツガザクラは、ひとつの個体が直径一〇メートル以上の株を形成していることもあり、少なくとも七〇〇〜八〇〇年は生きているのだろう。生涯のうちいったい何百回花を咲かせ、どのくらい多くの種子を生産するのだろうか？　そして、そのうちのどのくらいが芽吹き、生き延びて、花を咲かせるまでに成長できるのだろうか？　気の遠くなるような長期戦だ。

一方で、一度繁殖を行うと枯れてしまう「一回繁殖型」の種もいる。例えばミヤマリンドウは、毎年数ミリずつ成長を続け、常緑葉を落とさずに蓄積させていく。ミヤマリンドウの葉は光合成の生産物を蓄える養分貯蔵器官としても機能しており、葉数がある一定数に達して資源が蓄積されると花を咲かせ、全てのエネルギーを費やして種子をつくったあとに、一生を終える。この間五〜九年ほどで、最終的な個体の大きさはわずか五〜六センチである。ミヤマリンドウは、高山植物の中では比較的遅く花を咲かせる種なので（通常七月下旬以降）、雪解けの遅い場所では種子ができる前に夏が終わってしまうこともある。種子生産の失敗は、一回繁殖型の植物にとって致命的である。雪解けの遅い場所に生育するミヤマリンドウは、雪解け後に早く開花する性質がある。これは、短い生育環境で種子生産失敗のリスクを減らす戦略である。

生育環境の違いにより、ほとんど別種のようにまで性質を変えてしまった高山植物もいる。その一つがミヤマキンバイだ。稜線や山頂付近のほとんど雪の

▲ミヤマキンバイの吹きさらし環境に生えるタイプ（左）と雪解けの遅い環境に生えるタイプ（右）。葉の大きさや茎の伸ばし方に差があり、外見は異なるが、同じ種だ。

積もらない吹きさらしの場所に生えるミヤマキンバイは、雪渓が遅くまで残る場所に生える個体に比べて葉が小さく、茎を地表に伏せる傾向がある。これは、常時強風にさらされる環境で水分損失を防ぐための適応と考えられる。雪解けの遅い場所に生えるミヤマキンバイは葉が大きく、長い葉柄を立ち上げる形態を持ち、短期間のうちに一斉に開花する性質を有している。生育期間が短い環境では、効率的に光合成を行い、短期間で繁殖活動を終わらせる性質が有利となる。さらに、雪解けの遅い場所でつくられた種子は、雪解けの早い場所でつくられた種子に比べて、短期間で一斉に発芽する傾向がある。生育期間が短い環境では、雪解け後にできるだけ早く発芽することで芽生えを少しでも大きくし、越冬中の生存率を高めているのだろう。

高山でどうやって子孫を残すのか？

気象条件が厳しい高山では、花粉を運ぶ昆虫の活動も低い。天候が不安定な状況では、短い開花期間の中でうまく受粉のチャンスが巡ってこないかもしれない。そのため高山帯では、昆虫の助けを借りずに自家受粉によって種子をつくる植物や無性繁殖（受粉を伴わない繁殖様式）を行う植物が多いのではないか、と考えられてきた。実際、高緯度地域に分布する極地植物では、無性繁殖を行う事例が多数報告されている。ところが、少なくとも日本の高山植物を調べた限りでは、多くは異なる個体間で受粉する他家受粉による種子生産に特化していることがわかった。高山植物は、効率的に他家受粉を行うためのさまざ

◀ヨツバシオガマで震動受粉を行うエゾオオマルハナバチ

まな繁殖戦略を持っている。

　チョウノスケソウやチングルマは、太陽の動きに合わせて花の向きを変える。このような性質は向日性と呼ばれ、パラボラアンテナ状の花を太陽に向けることで花内部の温度を高めている。ハエやハナアブは、植物がつくり出す暖かい微環境を利用して体温を上げようと集まってくる。寒冷環境で効率的に花粉媒介昆虫を集める方策のひとつと考えられる。

　花粉を運んでもらう相手を限定してしまった植物もいる。ヨツバシオガマは蜜を出さない。昆虫への報酬は花粉だけだ。しかし、ヨツバシオガマの花から花粉を取り出せるのは、花を一定の早さで震動させることができるマルハナバチのみである。震動させることにより、細長いストロー状の花弁から花粉がでてくる仕組みである。これを振動受粉という。花粉を集める過程で、他の植物からの花粉を持ったマルハナバチは花の先に突き出した柱頭に触れ、それによって受粉が成立する。大切な花粉を託す信頼できるパートナーとして、ヨツバシオガマはマルハナバチと協定を結んでいる。

　これ以外にも、他家受粉を確実に行うために、高山植物はさまざまな繁殖特性を進化させてきた。例えば、風当たりの強い高山環境で、大切な花粉を飛ばされないような工夫を身につけた植物も多い。ミヤマリンドウは気温の高い晴れたときにしか花を開かず、日がかげってくるとすぐに花を閉じてしまう。エゾオヤマノリンドウは、晴れていても少ししか花を開かない。花をこじ開けて中に入れるマルハナバチのみが蜜を吸うことができるのだ。また、アザミの仲間のウスユキトウヒレンは、昆虫が花に触れたときにだけ、葯から花粉を放出する。いずれも限られた花粉を効率的に利用するための適応である。

厳しい気候環境に生育する高山植物で他家受粉が一般的なのはなぜだろう？　その疑問に明確に答えることは、現時点では難しい。もしかしたら、高山生態系が微細な環境の組み合わせでできていることと関係しているのかも知れない。あちこちに散布された種子は、親植物が生育していた場所とは全然違った生育環境で芽生えることも多いだろう。そのような状況では、多様な遺伝子を持っている方が子孫を残すうえで有利になるのかもしれない。そのためには、他家受粉による遺伝子の交換が重要となる。この仮説を検証するためには、ひとつひとつの種の特性を丹念に調べて行くことが大切である。高山植物の適応進化の全容を解明するには、もう少し時間がかかりそうだ。

■大雪山で高山植物を見よう　アクセス情報（難易度・初級）

北海道の屋根、大雪山は、一つの山を指すのではなく、二〇〇〇メートル級の山々の総称である。日本最大かつ最古の山岳国立公園に指定されており、多くの登山ルートがある。最高峰の旭岳と黒岳にはロープウェイもあり、体力や登山技術に応じてさまざまなアプローチができる。高山植物群落の規模は日本最大であり、六月上旬から九月上旬頃まで、さまざまな高山植物を楽しむことができる。

植竹　淳（うえたけ　じゅん）
コロラド州立大学
専門は
氷雪微生物学

熱帯の氷にすむ生物

北極や南極、高い山の上には夏になっても解けきることがない万年雪（氷）が存在する。山の斜面のような急なところに大きな万年雪があると、重さで地面を削りながらゆっくりと動きはじめる。この動く大きな万年雪の塊は、氷河と呼ばれ、世界各地に点在している（実は日本の高山にもあることが最近になってわかってきた）。この氷河の氷は、気候変動などの影響で解けているという話をどこかで聞いたことがあるかもしれない。たとえば北極や南極にある大きな氷が解けてしまうと、その解け水は海に流れ込み、海水面を上昇させて人々の暮らしを大きく変えてしまう可能があるのだ。実際に世界のいろいろな氷河に行ってみると、夏には解け水でできた池や湖、川がたくさんできていて、あまりに激しく氷が解けている様子にいつも驚かされる。

氷の上にすむ雪氷生物

わたしは、氷河の氷の上にすんできる生きもの（雪氷生物（せっぴょうせいぶつ））と、生きものが引き起こす現象を調べている研究者だ。氷河は氷の塊なので、冷たすぎてとても生きものがすんでいるようには見えない。だが、氷の上の石をひっくり返してみると昆虫が跳ね回っていたり、何もいなそうな氷を削り取って顕微鏡で見てみると最強生物として有名なクマムシや、いろいろな形や色をした微生物をたくさん見つけることができる。氷河の上は実は生きものがたくさんすむ世界なのである。

微生物の一つ一つは目に見えない大きさだけれども、たくさん集まると見た目にもわかるようになってくる。たとえば赤い色素を持っている微生物がたくさん集まると、赤潮のように真っ白な雪が赤くなる「赤雪（あかゆき）」という現象が起きたり、微生物が黒っぽい物質を多量につくって、氷河の色を黒く変えてしまうこともある。そして光を反射しやすい白に比べて、赤や黒といった色は太陽の光を吸収しやすいので、氷を解かしやすくもするのだ。気温の上昇などで世界的に氷河は小さくなる傾向にあるが、実は氷の上にすむ生物の影響で、氷が解けるスピードがさらに早くなっているのだ。

赤道直下にも氷河がある！

アジア、南米、北極など世界各地を転々として、寒いところにすむ小さな生きものたちを探し回ってきたが、ある時熱帯のアフリカの氷河にはどんな生きものがすんでいるのだろうかと気になり始めた。ちょっと不思議な感じだが、熱帯のアフリカにも氷河がある。しかも、そのすべてが太陽の光がとても強い赤道の近くにあるのだ。

たとえ灼熱（しゃくねつ）の赤道直下でも、標高が高ければ気温は低くなる。ケニアの首都ナイロビは標高が一六〇〇メートルくらいの高原にあるので、真夏の日本よりもはるかに涼しい。昼間は半袖でもＯＫだけれど、夜になると上着がないと風邪をひいてしまうくらいだ。そして富士山（三七七六メートル）よりもずっと高い四五〇〇メートル以上の山に登ると、真冬のように寒くなり、氷河がまだ解けきらずに残っているのだ。

現在アフリカには、キリマンジャロ山（タンザニア）、ケニア山（ケニア）、ルウェンゾリ山（ウガンダ）の三か所に氷河がある。いくら寒いと言っても、アフリカの氷河は、他の地域の氷河に比べたら暖かい。北極、南極のような極地では一年のほとんどが、中緯度の氷河では夏以外のほとんどが氷点下でカチコチに凍りついている。だけれども、アフリカでは標高の少し低いケニア山とルウェンゾリ山では昼間は〇度以上の気温になる。しかも、夏とか冬とかの季節はなく（雨季と乾季という季節性はある）、一年を通じてずっとだいたい同じ気温なのだ。つまり、氷河は一年を通して、ゆっくりとだが常に解けてしまっているのだ。解け水は氷河を小さくさせてしまうが、雪氷生物にとってはとても大事なものだ。たとえ寒いところが得意な雪氷生物といえども、水が完全に凍っていると増殖することはない。それなので、一年間を通して解け水が使えて、ずっと増え続けられるかもしれないアフリカの氷河では、これまでに誰も報告していないような新しい雪氷生物がいるのではないか？　そう、期待していたのだ。

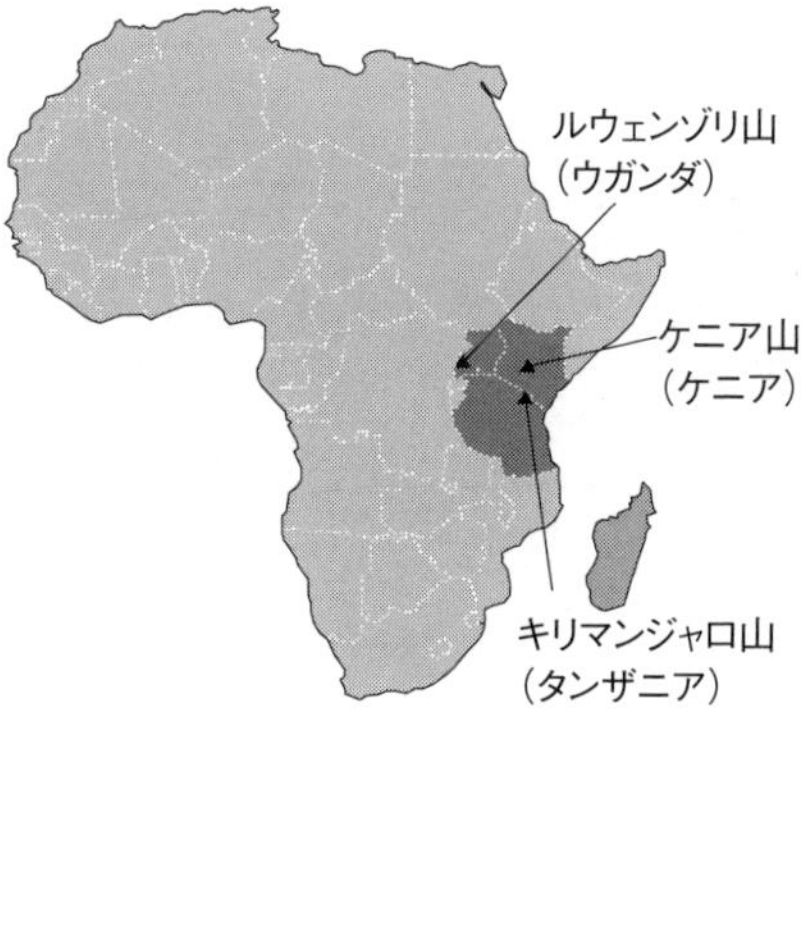

不思議な「ナゲット」を発見

最初に行ったルウェンゾリ山（ウガンダ）の氷河では、この期待はさっそく現実のものとなった。首都のカンパラから丸一日車を走らせて着いた山あいの村でガイドやポーターを雇い、はるか彼方にある、全くうかがい知れない氷河を目指して歩き始める。はじめは

◀氷河の一面に広がる黒いコケの塊（ルウェンゾリ山の氷河の一つ、スタンレープラトーで）。

コケに覆われた森。▶

木々がうっそうと生えている熱帯らしい密林を汗をかきながら登るが、次第に気温が低くなり始めて、ジブリ映画に出てきそうふかふかのコケに覆い尽くされた森林につく。雨季の間は常に霧に覆われているので、木々がコケに覆われている不思議な景観ができる。山小屋に泊まり、さらに進むと真っ平らな湿原に、アフリカにしか生えていない奇妙な植物が立ち並ぶ。

そして最後に現れる岩山をよじ登って、五日間歩き続けてたどり着いた頂上付近の氷河の表面には、これまで誰も報告したことがない奇妙な塊がたくさんあったのだ。この塊はチキンナゲットのような大きさと厚さだが、色は真っ黒で、氷河のあちらこちらに、まるで空から降ってきたようにぼとぼとと落ちていた。あまりのすごさに興奮しながら手に取ってみると、高野豆腐（こうやどうふ）のような不思議な手触りだ。さらに塊を手で割ると、ブチブチと大きな音を立ててもい

◀アフリカにしかない奇妙な植物、ジャイアントロベリアが生える湿原。

いくらいに、繊維状のものがちぎれていくのがわかった。これまでの経験から、すぐに微生物がからみ合ってできたものだとわかった。

この繊維状の微生物の正体を探るべく顕微鏡で見てみると、これまでに氷河では見たこともない種類だった。だが、細胞の内部に緑色をした粒がたくさんあるので、葉緑体をもった光合成をする微生物であろうということはわかった。葉緑体は植物が光合成をするために必要な細胞の中の小さな器官で、光のエネルギーを利用して二酸化炭素を酸素と有機物に変えるところだ。これらがないと私たちは酸素を吸って呼吸することすらできない。もちろんこれらが地球環境にとっても重要なのは言うまでもなく、生態系の根本を支えているのだ。なので、私が見つけた葉緑体をもつこの微生物は、この氷河にとっても、とても大事な存在であることがすぐに理解できた。

ナゲットはコケだった

日本に持ち帰ってきてガラス試験管の中で育ててみると、黄緑色に輝く美しい細胞がニョキニョキと生えてきた。真っ先に想像したのは北海道のお土産の定番であるマリモだ。マ

◀元気に生えてきたコケの原糸体。

リモは、細くて長い糸状の藻類（光合成をする微生物の一種）が、毛糸玉のようにからまってできたものだ。氷河で見たものも、きっとマリモの仲間だ。最初に見つけたから「氷河マリモ」という名前をつけてしまおうと、またまた興奮し始めてきた。

しかし、さまざまな遺伝子解析をしてみると、マリモの仲間ではなくコケという結果しか出てこなかった。そう、日陰に生えているあの小さな、ルウェンゾリでは途中の森を覆い尽くしていた、あのコケである。最初は実験結果が間違っているのだと思って、何度も実験をやり直した。しかし結果はいつも同じだった。いろいろともがいているうちに、これが本当にコケであるということを専門家から教わった（ヤノウエノアカゴケという日本にも南極にも幅広くいる種類で、ルウェンゾリ山からも見つかっている）。ただこのコケは、私たちがよく目にするような葉がついた状態のもの（植物体）ではなく、微生物のように単細胞のかたちのままだったのだ。この状態は原糸体とよばれ、どんなコケでもこのように微生物のような姿でいる時期がある。植物体に成長する前に、これらが最初に地面に潜り込んで、ある程度これから増えるためのお膳立てをした後に、原糸体から芽が出て植物体となるのだ。

私が氷河で見たコケの塊の中には、コケ以外にもさまざまな微生物がすんでいて、粒の中でさまざま物質を分解して腐食物質と呼ばれる真っ黒な物質をつくっている。それなので、これらがあちらこちらに散乱している氷河の上はおそろしく黒い。見たことがないくらいに黒い。黒い色は太陽の熱を吸収しやすいので、晴れた日には氷をどんどん解かしていた。

このままではこの氷河はあっという間になくなってしまうのではないかと思い、翌年に気象計やカメラを設置して一年間の記録を取ってみることにした。そうすると、意外にも年間を通じてみると表面が真っ黒になっているような時期は短く、うっすらとでも雪が降れば表面は真っ黒から真っ白に急激に変化していた。頻繁に降っている雪のおかげで思ったよりも急激に小さくはなっていなかった。これは氷河がすぐになくならないということでは良いことだが、雪に覆われていると私の仕事の一部はほとんどできない。これまでに五回現地を訪れたが、雪がなくて快適に調査できたのは二回くらいで、その他ははるばる山奥まで歩いてきたというのに、散々な状況であることが多かった。自然相手だと、自分の都合の良いようになることは多くはないのだ。

ケニアの氷河では

それでも粘り強く、今度はお隣の国ケニアの氷河にも行ったが、ここは期待に反してチキンナゲットのような塊は一つも存在せず、見た目にもたいして微生物がいそうもなかった。ウガンダとは、ほぼ同じ標高と、緯度なのだが全く様子が違った。いつもの通りに採集して遺伝子解析をしてみると、バクテリアの種類はかなり奇妙であったウガンダと比べて、極めて平凡だった。熱帯だから変わったものがいるという期待は破られたが、そのかわりケニアのバクテリアの種類は、私がこれまでに研究したことのある北極のスバールバル（ノルウェー）や天山山脈（中国）の氷河とよく似ていた。まだ断片的なデータしか取れていないが、氷河に生息する微生物は全球的に大気に乗って地球全体を循環しているのかもしれない。たまたま落ちたところの環境が冷たい氷河で、それに加えて何かの条件が似ていると（まだノルウェー、中国、ケニアの共通点はわからない）、同じようなバクテ

氷河の微生物を採集するケニア人学生。その存在や生活を記録に残す研究を進める。▶

リアの構成になるのではないかと想像している。

ケニアでの雪氷生物研究は、とくに当初もくろんだ通りにならないことが多かった。しかし研究とはいつもそういうものだと思うが、予想していなかった新たな事実が、さらに面白い展開へと導いてくれている。これまでにほとんど注目されてこなかった熱帯の氷河生物。これらを知ることでさらに世界各地に広がる雪氷生物を理解する手がかりが得られるのであろうと期待している。

人知れず消えていく生態系

ウガンダでもケニアでも、氷河は非常に小さいにもかかわらず、さらに小さくなっている。ケニアでは、一年後に再び行ってみると、前の年まで氷河の底にあったはずの岩が、氷が解けて表に出てきていて、一つの氷河が二つに分かれてしまっていた。消滅までのカウントダウンは確実に始まっているように思える。ウガンダの氷河は、ケニアほど深刻な減り方ではないが、行くたびに着実に小さくなっている。二〇〜三〇年後にはなくなるか、致命的に小さくなっているだろう。氷河がなくなるということは、その上にすんでいた特殊な微生物もいなくなってしまうということを意味している。絶滅が危ぶまれている動物は絶滅危惧種としてよく知られているが、アフリカの氷河の微生物はその存在もろくに知られていないのに、人知れず消えていく可能性があるわけだ。変えることはできない流れだが、そのさまをしっかりと記録に残すことが、私にできることの一つだと思って研究を進めている。

志水　顕（しみず　あきら）
北海道大学環境科学院
専門は
高山の地衣類の
分類と生態

火山に生きる地衣類を調べる

地衣類（ちいるい）という生物群をご存知だろうか。耳慣れない名前かもしれないが、実は我々の身近にたくさんいる。誰もが目にしているのに見過ごしてしまいがちで、コケやキノコの一種だと思い込んでいる可能性もある。しかし実は、木の幹や土の上、岩石の表面、はたまた常緑の木々の葉の表面や、時にはガードレールにまで付着して生活している。その形も、たとえばイワタケの仲間のようにキクラゲそっくりの姿で岩石に付着したり、ハナゴケの仲間のように樹枝状に地面から立ち上がったり、サルオガセの仲間のように木の枝から長く垂れ下がってみたり、さまざまである。地衣類は、菌類の中に藻類（そうるい）がサンドウィッチされた共生体である。広島お好み焼きにたとえていえば、中には焼きそば（菌糸の集合体）が詰まっており、さらに内部の緑のキャベツ（藻類）が焼きそば（菌糸）に守られて光合成を行い、その生成物を菌類に与えているというわけである。ルーペや顕微鏡でその姿を観察すると、その奇想天外な形や、アートとしても優れた美しい色彩にいつも驚かされる。根・茎・葉からなる維管束植物のもついろいろな制約とは無縁に、自由な生活形を展開する地衣類の魅力は、つきない。

噴気口に接近する！

二〇年近く前、「そこに山があるから」ならぬ「山に地衣類があるから」という山好きとしてのやや無茶な動機で、社会人であったが大学院に入り直し、研究をスタートした。

どうせやるなら、得意とする野外調査の作業は、大好きな大雪山の十勝岳周辺でやってみようと考えた。

十勝岳では、現在も大きな噴気口（62－Ⅱ火口）から多量の火山ガスが常時噴出しており、周辺の半径約四〇〇メートルには地衣類は生息していない。そして、この地域から離れるほど、地衣類の種数が増加する傾向がある。火山ガスには、亜硫酸ガスや一酸化炭素など多くの有毒物質が含まれるので、噴気口に接近するのは、噴煙がまっすぐ上にたなびくか、風でゆるやかに接近方向とは逆側に吹き上げる時に限る。もしもの時に備えて、一応、防じん用のマスク（コンビニで購入したもの）と花粉防止ゴーグルなどを持っていくが、気休め程度であり、要は研究者の自己判断（自己責任）である。噴気口に接近した日には、温泉に入ったわけでもないのに、体中が硫黄臭くなる。当初は、自分は何でこんなことをしているのだろう？　と思うこともあったが、なにせ好きなエリアをうろついているので、ストレスは少ない。

噴気口の近くには変わり者の種が見られる。

噴気口の周辺の半径四キロメートル以内のエリアに多数の調査区を設けて、五〇〇あまりの標本を作って調べたところ、八九種類もの地衣類が見つかった。また、各調査区の噴気口からの方

秋の十勝岳とその噴煙。中央やや左の新雪をまとった三角錐が、十勝岳の頂稜部。▶

位、噴気口からの距離、岩石表面のpH（蒸留水を一定量加えてpHメーターで測定）、岩表面の面する方角、岩表面の傾斜角、標高を調べてみた。そして、それぞれの地点にどの種の地衣類がどのくらいの被度（岩石表面を覆っている割合）で生えているかを記録した。これらの結果を検討すると、各調査区の種数および各種の分布に強く関係しているのは噴気口からの距離であり、pHなどの他の要因は直接的なものではないことがわかった。そして、噴気口から離れるにしたがって地衣類の種数が格段に増加していくことから、火山ガスの周辺のエリアへの拡散が、この周辺の地衣類の種組成に強い影響を与えていることがわかった。

いろいろなことが明らかになるにつれ、十勝岳の噴気口が巨大なストレス源（有害物質を吐き出す工場の煙突のようなもの）に見えるようになった。そして、火山ガスを吐き出す煙突にどこまで近づいて定着できるかは種ごとに異なっており、多くの種は火山ガスが苦手なのだが、火山ガスで硫黄臭いところにあえて住処を得ている変わりものの種が数種類いることに気がついた（僕もそれに含まれるのかもしれない）。

地衣類にとっても、火山環境は過酷？

火山の噴火や大規模な山崩れなどによってできた裸地からの植生の回復の過程は遷移とよばれ、地衣類はそのさきがけとなる植物（先駆植物）と見なされることが多い。しかし、多くの日本の火山は火山灰や軽石、泥流などを伴った噴火のタイプを示すものが多く、噴火により地表面が大きな変化（かく乱）を受けるため、地衣類やコケ植物を経ずにいきなり根の発達した多年生の草本が定着することも多い。以前は、高校生物の教科書でも一般

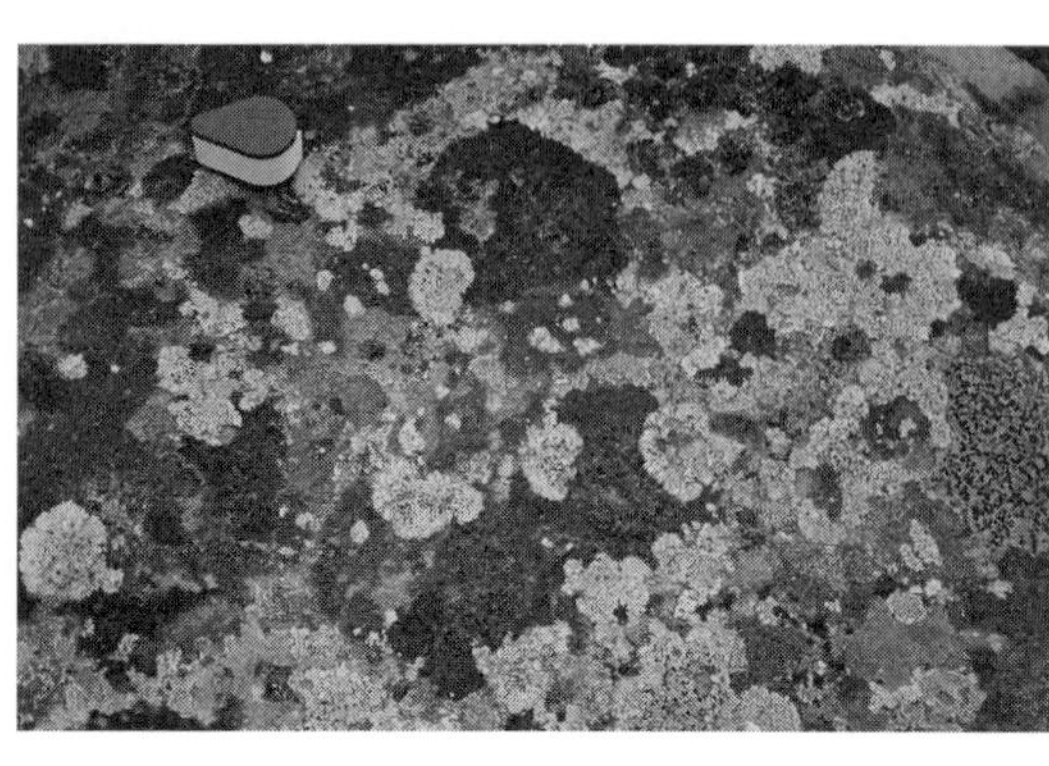

◀岩の上にはりついた地衣類たち。美しい！（と私は思う）。写真には、少なくとも９種類の地衣類が含まれている。地衣類研究者がよく使う長径45 mmのZEISS社のルーペを、大きさの指標のために置いて撮影した。

的な遷移の過程を述べるにとどまっていたが、現行の「生物基礎」の教科書では、たとえば「先駆植物の多くはススキやイタドリなどの草本植物であり、場所によっては地衣類やコケ植物などが侵入することもある（数研出版「改訂版生物基礎」）」というふうに、日本の実情に即した記述がなされているものも見られる。

岩石の表面に定着する能力の高い地衣類も、不安定で浸食（しんしょく）や移動をくり返す岩の表面では、岩が埋もれたり回転して裏返しになったりするので、共生している藻類が光合成できず、生育するのが難しい。まさに、「転石苔（こけ）むさず」というわけである。火山周辺に定着する種は、かく乱およびストレスが強い場所にあえて定着して、自分の居場所を得ているように思われる。

地衣類にも遷移がある。

岩上の地衣類はパッチ状にはりついて、少しずつ成長する。種や環境の違いにもよるが、その成長速度は、最大でも年に数ミリメートル程度といわれる。そうした長年の各種の定着・成長によって形成された地衣類の群集の姿は、幾何学模様のように美しい（と思うのは僕だけか?）。このような群集の形成過程を調べるため、五〇〇個あまりの標本のすべてで、①まわりに他の種がいないか、他種と接触している場合には、②その接触が相手の種を覆うことなく対等か、または③一方の種が他方の種の外縁を覆ってあとから定着したかを実体顕微鏡で観察し、地衣体の外縁のラインの長さをこれら三つのパターンに分け噴気口近くが好きな仲の良い３種。種名は、Mic sp 1 は *Micarea* 属（タマイボゴケ属）の一種、Lca pol は *Lecanora polytropa*（チャシブゴケ属）、Fus sub は *Fuscidea submollis*（フスキデア属）の略称。写真左下の線分の長さは１mm を示す。▶

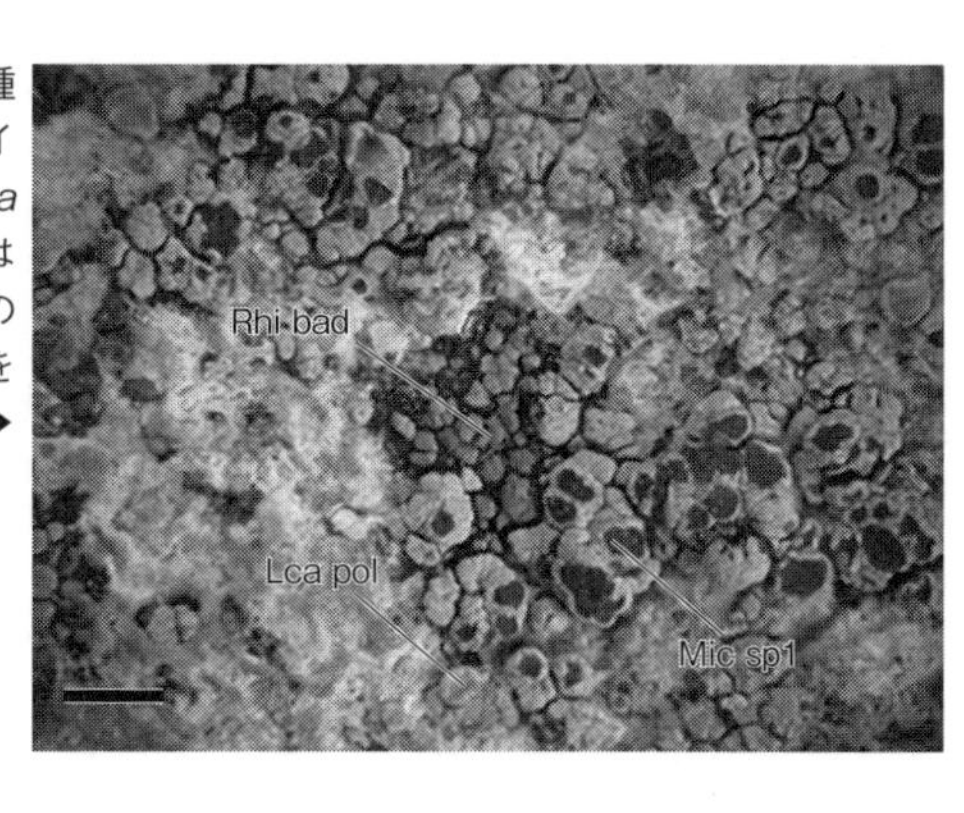

て、実体顕微鏡にミクロメーターをセットして観察し、累計していくという地味な作業を行った。

このような種間の関係の解析の結果、意外なことに、地衣類の中にも遷移の過程が見られることがわかってきた。すなわち、まず、火山ガスなどのストレスに強い種あるいは岩上への接着力の強い種が定着し、次に移行的な位置を占める種が先に定着していた種を覆うようにほぼ決まった順序で定着していく。そして、ストレス源から離れた地域では、立体的におおいかぶさったり立ち上がったりする極相種（きょくそう）（といってもせいぜい高さ数センチメートル以下であるが、光や大気中の水分などの獲得には有利である）が現れる。こういった話を聞くと、「ああ、やっぱり地衣類みたいな地味な生物群でも、競争社会なのか？」と思われるかもしれないが、特に、噴気口近くに特徴的な種は、岩のくぼみに身を寄せあってストレス環境に適応し、引きはがされないようにがんばっているように見える。

こういった火山環境における地衣類種の定着では、岩上で種間の接触が頻繁にみられ、また、種間の関係は対等あるいは序列が決まっていることから、先に定着した種の横に他の種が決まった順序で定着することによるプラスの効果（促進化）があることがわかる。イメージとしては、種の交代は、「ちょっと横にくっついていいでしょ？」「うんいいよ」、あるいは「僕はここまでやったから、あとは君に渡すね！」というような感じなのだ。こういった過程は、いわば、陸上競技におけるバトンやタスキのリレーに近いものなのかもしれない。

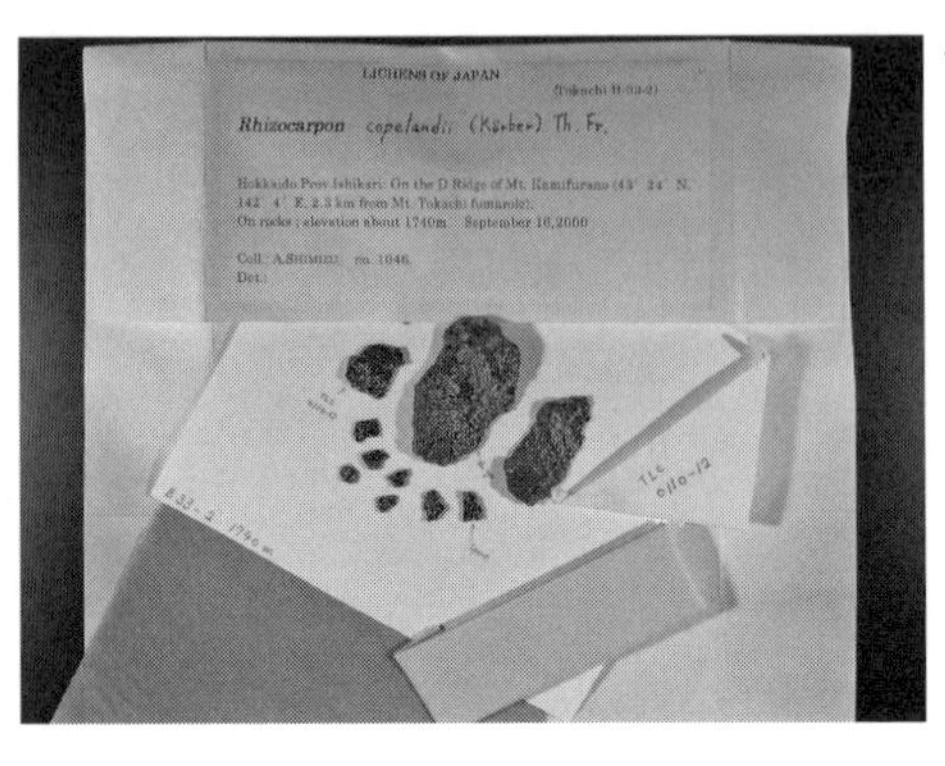

◀標本の一例。貼り付けた岩石の破片にアートの魂を感じていただきたい。下の包みの中には子器の切片のプレパラートが、三角形の袋の中には薄層クロマトグラフィーに使用した部位が、再現検査のために同封されている。

標本は宝物である。

先にも述べたように、地衣類は藻類と菌類の共生体なのだが、意外なことにというべきか、その種名は共生菌に対してつけられている。よって、必然的に菌の胞子や化学成分などを調べて、種名を決定する必要がある。野外研究の好きな人たちが地衣類の領域に踏み込もうとしたときに、はねつけられるポイントはここかもしれない。

研究を始める際には、まずは、しっかりとした標本をつくる必要がある。しかし、国立公園内で標本を採取するには、まず、環境省や文化庁などにいろいろと書類を提出して許可を得なければならない。これが、結構たいへんだ（国立公園のレインジャーの方々には、いろいろと助けていただいている）。また、岩上の地衣類の標本を作製するには、岩石の表面をタガネとハンマーで削り取る必要があり、下手をすると、標本だか岩の塊だかわからないものができあがる（当然、調査地からの帰路は重たい岩運びとなってしまう）。そこで、僕の方法は、ひたすら、細かい破片集め。それを、アートの魂を込めて貼り付ける。その標本から、顕微鏡観察用の切片をつくったり、薄層（はくそう）クロマトグラフィー（TLC）という方法で化学成分を検定したりして、種名を決めることになる。よって、標本は宝物である。

国内外の多数の地衣類標本を所蔵する国立科学博物館植物研究部の先生方には長年お世話になり、たくさんの標本を見せていただいた。たとえ採集者は亡くなっていたとしても、しっかりと作られて管理された標本は、いろいろなことを語りかけてくるのである。近年は、このような標本の管理維持や、旧来からの分類学的な研究がともすれば軽視されがちであるが、元来、このような地道な作業が生命科学の根幹であることを忘れずにいたい。

■私の調査地、十勝岳へのアクセス情報（難易度・中級）

十勝岳（標高二〇七七メートル）は、言わずと知れた日本百名山の一つである。一般的には、望岳台から登りはじめて十勝岳避難小屋を経て、登り四時間程度をみておく必要がある。とにかく火山噴出物がすべりやすいので、歩幅を小さく、うつろな感じでゆっくり登るのがコツである（僕はこの歩き方を「ゾンビー歩き」とよんでいる）。上部は、チベットを感じさせる景観が素晴らしい。頂上に登ると、ここが大雪山の火山列の一部であることが実感できる。下山後には、「吹上の湯」という無料の露天風呂（当然、源泉掛け流し）も楽しめる。

◀富士山火山荒原に点在するマウンド状の植生パッチ。

奈良（なら） 一秀（かずひで）
東京大学大学院
新領域創成科学研究科
専門は
森林微生物学

キノコが森をつくる!? 不毛の大地で助け合う樹木と菌

富士山の火山荒原（こうげん）。一七〇七年の宝永山（ほうえいざん）の大噴火で噴出した黒い軽石のような砂利、スコリアに厚く覆われた不毛の地。土壌に窒素などの養分が極めて少なく、植物にとっては過酷な環境だ。噴火から三〇〇年以上経った今も、東側斜面の標高一五〇〇メートル付近に広がるこの荒原に生育する植物はまばらで、他の斜面のような森林は見られない。これから長い年月をかけて、いろいろな植物が定着しては入れ替わり、やがてブナやウラジロモミの森林へと移り変わって（遷移して）いくのだろう。こうした「植生遷移」は、生態学の教科書には必ず載っている超基本概念だ。しかし、その植生遷移を地下の「菌」が進めているとは、誰が想像できただろうか。

ちなみに菌（菌類）は動物や植物と同じ真核・多細胞の体をもち、有性生殖も行う、最も進化した生物群だ。「微生物」として菌類とひとくくりにされることもある「細菌」は真核生物ではなく原核・単細胞の生物で、菌類とは全く異なる生物群である。

ほとんどの植物は、菌と共生している

陸上植物の大半は菌根菌という菌類を根に共生させて生きている。菌根菌は植物が光合成でつくる糖をもらい、代わりに土壌中の菌糸体で吸収した養分を植物に供給して成長を支えている。つまり、互いに不足するものを融通し合う相利共生関係である。その起源は植物が陸上に進出した時までさかのぼり、現在もコケ植物から被子植物まで、大半の植物

が「アーバスキュラー菌根」という原始的な菌根共生を維持している。その後、さまざまなタイプの菌根共生が派生してきたのだが、その一つが「外生菌根（がいせい）」という樹木とキノコ類との共生である。キノコをつくる菌種は菌類の中でも最も進化したグループであり、森林土壌中に豊富に存在する有機化合物から窒素やリンを吸収利用する能力が高い。その恩恵を受けられる外生菌根樹種（マツ科やブナ科など）は自然林で優占する。このような樹木は養分吸収の大部分を外生菌根菌に頼っているため、適合する菌がいないと全く成長できない。

世代交代を重ねた自然林（成熟林）では、菌根菌の感染源がどこにでも存在するため、適合する菌が不足することはほとんどない。重要な働きをしていても、あたりまえのように存在すれば、その価値に気づかないものである。私たち人間にとっての空気のように。

あたりまえにいるはずの菌根菌がいない環境で調査する

噴火直後の火山噴出物中に菌根菌は存在しない。土壌に栄養分がないという以上に、菌根菌の不在は植物にとって過酷な条件となる。そうした場所に最初に進入する植物は、菌根菌と共生しなくても生きられる限られた種だけである。富士山の場合はイタドリやオンタデ、フジハタザオなどだ。特にイタドリは地下茎によって年々広がっていき、動きやすい砂利状のスコリアを安定させ、他の植物が定着できる物理的な環境を整える。

大きくなったイタドリのコロニーにはイネ科やキク科の多年生草本が混じり始めるが、これらはアーバスキュラー菌根性である。では、樹木と共生する外生菌根は？ 当たり前にあるはずのものがない環境だからこそ、面白い発見があるにちがいない。そうして現地調査が始まった。

地を這う調査の成果は、一万本のキノコと遷移の実感

◀キノコの調査の様子。

どんな外生菌根菌（以下、単に菌根菌とする）が生息しているかを調べる最も簡単な方法は、菌根菌がつくるキノコの調査だ。とはいっても、それぞれのキノコの発生期間は短く、不規則で、気象条件にも影響される。どのような菌根菌がいるのかを正確に知るためには、ひんぱんに現地調査を行う必要がある。結局、最初の二年間、雪がない季節はほぼ毎週、富士山に通うこととなった。しかも、この場所は通常の森の中でキノコを探すようにはいかない。腰丈ほどのやぶの中に頭を突っ込んで、五ヘクタールの調査地を這いずり回るのである。日の出から始めて日没近くまでかかる。

キノコを見つけては種類と位置を黙々と記録していく。キノコが多い時は三日間ぶっ通しだった。年間雨量が

調査で見つかったキノコ（キツネタケ）▶

四〇〇〇ミリメートルを超える場所なので雨もよく降り、冬が近づくととにかく寒い。体力的にきつい調査ではあったが、今日はどんなキノコがあるのかというワクワク感と、新しいキノコに会えた時の感動は今も忘れられない。最終的に二三種、一万一四五〇本もの菌根性キノコが見つかった。

こんな不毛の地にこれほどのキノコが発生するとは夢にも思わなかった。発生したキノコのほとんどは、ミヤマヤナギという、ごく背の低い、地を這うようなヤナギと共生していることもわかった。菌根菌の種類を詳しく解析してみると、定着後間もない小さなヤナギにはキツネタケ属など限られた種が共生し、少し大きくなるとハマニセショウロ、もっと大きく成長して落葉や腐植が堆積したヤナギの下にはベニタケ属やワカフサタケ属、フウセンタケ属などの菌種が加わり、どんどん種数が増えていくことを発見した。植生遷移と同じように、菌根菌の群集も遷移するのだ。

最近は「環境ＤＮＡ解析」という方法で菌根菌群集を調べるのが一般的だ。機械やお金は必要だが、現地調査は土壌や菌根を採取する一回だけで済む。私もやってみた。当たり前かもしれないが、キノコで発見したのと同じような菌根菌の遷移の様子は、地中の菌根でも確認できた。似たような結果が得られるなら、早くて楽な環境ＤＮＡがいいと思う方も多いだろう。しかし、無味乾燥な塩基配列では決して得られない多くの経験や実感を、現地のキノコ調査で得たことも事実だ。それこそが次の科学的発見につながる。

◀菌根菌の共生によるミヤマヤナギの成長促進と菌種間差。

樹木の定着に欠かせない菌根菌の役割

一〇〇回以上も富士山の火山荒原に行き、地面を這いずり回っていると、面白いことに気づいた。ミヤマヤナギの実生（種子から生まれた芽生え）は、成木の近くにしか存在しないのだ。これは地下にいる菌根菌の菌糸体の影響だと直感した。以前に温室で行った菌根菌のネットワーク感染実験と様子が極めて類似していたためだ。

すでに定着しているヤナギの成木はすべて菌根菌と共生しているため、その周りの土壌中には菌根菌の菌糸体が広がっている。こうした場所で発芽した実生は、地中の菌糸体によってすぐに菌根菌に感染する。「菌根ネットワーク」に「接続」するのだ。この火山荒原で菌根ネットワークへ接続可能な場所は約一％しかない。残りの九九％は裸地や草本植生など、菌根ネットワークの圏外。そして、数えきれないほどのヤナギ実生がたった一％の菌根ネットワーク圏内にしか定着していないのだから面白い。

この直感を科学的に立証するための現地植栽実験やネットワーク再現実験などを行った。簡単そうに聞こえるかもしれないが、菌根ネットワークを再現するためには、菌根菌の菌株を単離（たんり）し、特殊な培地上で菌糸を培養して接種源をつくり、ヤナギに接種して菌根をつくらせ、一年間栽培して土壌中の菌糸体を育成させた後、現地のもともとネットワークがなかった場所へ移設し、その周囲に新たに実生を植え、実生へのネットワーク感染をＤＮＡで確認し、成長や養分含量を調べる……という手間と時間がかかった研究だ。単離培養が不可能と考えられていたアセタケ属やベニタケ属も、調査で見つけたキノコから成功するまで単離を繰り返し、ついには成功した。おそらく、一つの生態系にある主要な菌根菌を網羅的に用いた接種実験はほかにないだろう。そこまでしなくてもと今は思うが、当時はねらった菌が培地上で伸びた時、その菌根ができた時の興奮で夢中だった。実験の結果、直感は正しかった。菌根ネットワークがミヤマヤナギ実生の定着を決定していたのだ。

植生遷移と菌根菌

ミヤマヤナギはごく背が低いので、これがいくら定着しても、森にはならない。森が形成されるためには高木樹種の定着が必要である。この場所ではカラマツとダケカンバだ。しかし、最初にキノコ調査を行った五ヘクタールの範囲には、両樹種は幼木を合わせても数本しかなかった。そこで二一ヘクタールまで調査範囲を広げて調査すると、ダケカンバは三九個体、カラマツは二六個体が見つかった。そのすべてが、先着しているミヤマヤナギの菌根ネットワークの圏内、つまりわずか一％の環境に集中し、ヤナギと共通の菌根菌に感染していたのである。地中の見えない菌根ネットワークは、ヤナギの実生定着だけでなく、カラマツとダケカンバの定着にも介在し、森林形成へとつながる植生遷移の重要なステップの鍵を握っていたのだ。

ネットワーク 対 胞子

野外での菌根菌の主要な感染経路にはネットワーク接続のほかに、キノコから散布され

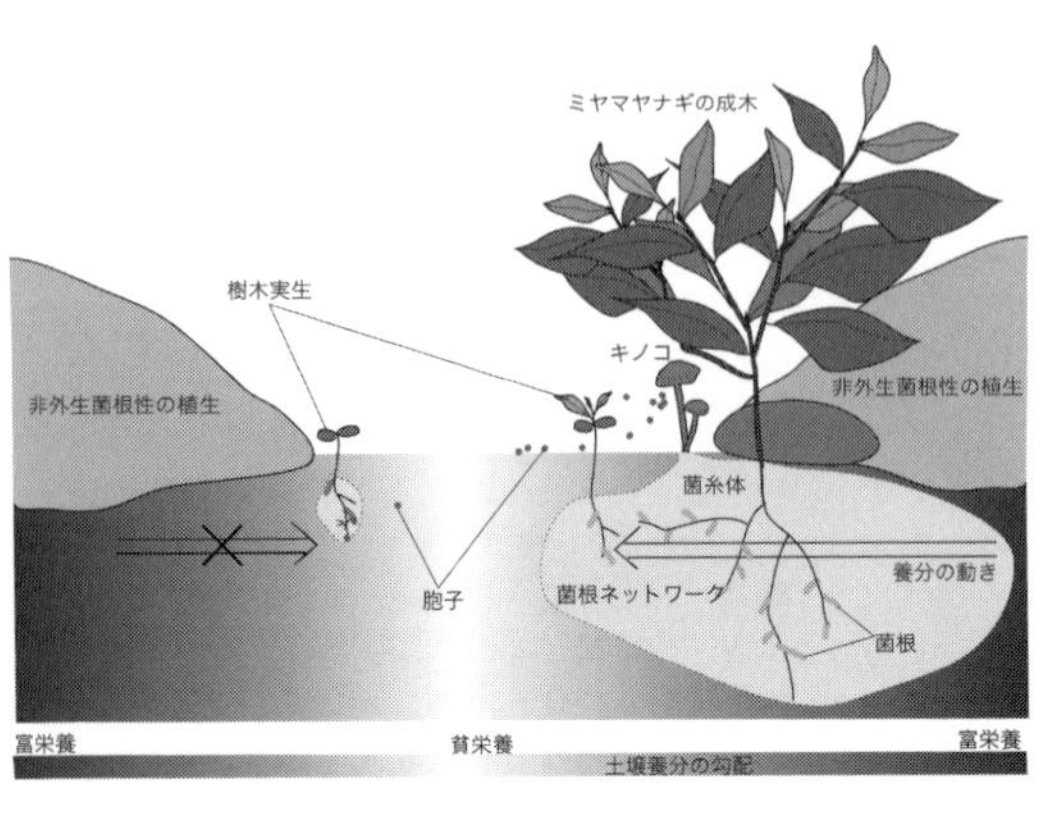

◀菌根ネットワークと胞子による実生への菌根菌感染の模式図。

る胞子がある。一度なくなった森林が再生していく過程を二次遷移とよぶが、土壌中に蓄積した菌根菌の埋土胞子が、その初期の樹木定着に主要な役割を果たすことが知られている。富士山の火山荒原でもたくさんのキノコが発生しているのだから、胞子は間違いなく散布されている。そうした胞子による感染がここでも起こっていることも、新しい場所にヤナギとキノコが定着していること、ヤナギの成長過程で新たな菌種が加わっていくことなどから明らかだ。では、どうしてこの場所の樹木実生の定着には、胞子より菌根ネットワークが効果的なのだろう？　いくつか理由が考えられる。まず、①埋土胞子が少なく感染の頻度が低いこと。②たまたま胞子で感染しても、発芽したばかりの小さな芽生えが光合成でつくる養分だけで維持できる土壌中の菌糸体は小さいこと。③土壌養分が極めて少ない環境なので、小さな菌糸体では十分な養分を得られないこと。④ネットワーク感染では発芽した直後でも大きな菌糸体をすぐに利用できること、などが挙げられる。つまり、土壌条件や土地履歴などによって、菌根ネットワークと胞子の重要性の度合いは変わりうる。富士山の火山荒原でも、土壌が発達して豊かになり、埋土胞子がもっと蓄積すれば、やがて胞子感染によって定着する樹木も増えていくだろう。

　ネットワークにしろ胞子にしろ、樹木の定着に適合する菌根菌が不可欠なのは普遍の真理だ。富士山ではいろいろな樹木と共生できる菌根菌が多く、遷移の仲介役を担っていたが、最近調べている絶滅危惧樹木では特定の樹種としか共生しない菌根菌が存在し、土壌中の胞子が芽生えの定着に重要な役

ミヤマヤナギの菌根ネットワークを共有することで定着したカラマツとダケカンバの幼木▶

割を果たしていることがわかってきた。菌根菌の視点からさまざまなフィールドを見ることで、面白い発見がまだまだありそうだ。現場百遍(げんばひゃっぺん)とはいわないが、フィールド調査で得られるインスピレーションからこそ、革新的な研究の発想が生まれると信じている。

■富士山の火山荒原に行ってみよう！　アクセス情報（難易度・初級）

首都圏から車を利用する場合、中央自動車道ー東富士五湖道路で須走インターチェンジ、または東名自動車道の御殿場インターチェンジから一般道経由で富士山御殿場口新五合目へ。大きな駐車場がある。所要時間は東京から一時間強。駐車場から登山道を三〇分程度登れば、右手に植生が点在する広大な火山荒原が見えるだろう。登山期間中ならＪＲ東海の御殿場駅からバスも利用できるが、本数は少ない。

晴れの予報でも午後になると雨が降ることが多いので、雨具は持参した方がいい。なお、スコリアは非常に崩れやすく、植生パッチの縁に生えている小さな実生は歩くだけでも致命的ダメージを受ける。誰でも入れる場所だが、貴重な自然を乱さぬよう気をつけていただければと思う。

◀祁連（きれん）山脈と海北チベット自治州。盆地部分にはアブラナとハダカムギの畑が広がり、その周辺の草原は放牧地として利用されている。

廣田（ひろた） 充（みつる）

筑波大学生命環境系

専門は
生態系生態学

世界の屋根、チベット高原の広大な草原に迫る危機

北極、南極に次ぐ「第三極」とも言われるチベット高原。高地特有の息苦しさに耐えつつ、どこまでも続く緑豊かな草原とそこに点在するヤク（ウシの仲間）やヒツジの群れを眺めていると、ここが平均標高四〇〇〇メートルをゆうに超える高い場所であることを忘れてしまう。さらに山々に登って眼下を見渡すと、さまざまな環境変動の脅威にさらされたチベット高原の現状をうかがい知ることができる。世界一広大で、いろいろな生きものがいる緑豊かな手付かずの草原――それがチベット高原に対する漠とした私の印象だった。しかし、一五年前に初めてチベット高原の地を踏んだ私は、実情は大きく異なることを知り大きな衝撃を受けた。同時に、私にとってチベット高原は、研究すべき最重要フィールドの一つとなった。岐路に立たされているチベット高原の地において、気候変動と家畜の放牧が生態系に与える影響を明らかにすべく研究を続けている。

世界の屋根に広大な草原が広がるわけ

日本一の標高を誇る富士山では、標高が二五〇〇メートルを超えると樹木はなくなり、草もわずかに生える程度である。したがって、日本に住む私達の感覚からする

と、標高四〇〇〇メートルを超えてもなお緑豊かな広大な草原が広がっている様子は、奇異に映るかもしれない。しかし、チベット高原に点在する湖の底の堆積物中に残された花粉を用いた最新の分析によると、チベット高原では、少なくとも約一万四〇〇〇年前から今日のような草原が広がっていたようだ。

チベット高原のような高標高域でも草原が広がるそのわけは、チベット高原の多くの場所で十分な降水があるからだ。いちがいには言えないが、年間降水量が五〇〇～一〇〇〇ミリメートルくらいあると草原が成立する（たとえば、東京の年間降水量は約一五〇〇ミリメートル）。しかし、降水の総量だけでなくその降水の時期も重要である。つまり、植物の生育ができない冬よりも、生育期の降水が重要となる。実際に、チベット高原の多くの場所では、草の生育時期を中心にまとまった降水があり、それがこの草原の成立にとって欠かせない条件となっている。では、多くの降水量があるほど草原にとって良いかといえばそうでもない。年間降水量が一〇〇〇ミリメートルを超えるような場所では、森林が成立することになる。実際、チベット高原南部に広がる森林は、温度条件に加えて、降水量が一〇〇〇ミリメートルを超える地域に広がる。このように、チベット高原では、絶妙な降水の量と時期のおかげで草原が成立しているのだ。

油菜畑とヒツジの群れ

実際に現地調査に行くと、この絶妙な降水量の恩恵を肌で感じることができる。夏の調査では、必ずと言っていいほど激しい夕立に見舞われる。しかし、マイナス二〇℃を下回ることも少なくない冬の調査では、日本の多雪地帯のように雪が積もることはめったになく、非常に乾燥した砂嵐のせいで数時間外にいるだけで鼻の中まで真っ黒になるほどだ。

広大な草原の三つの役割

チベット高原では、降水量や気温、さらに土壌の乾湿状況に応じて湿原、低木帯、さらには高山草原など異なるタイプの草原がみられる。これらの草原に共通する唯一の特徴は、家畜を中心とした草食動物の影響を受けていることである。そういう意味で、チベット高原には手付かずの自然草原はほぼ存在しない。つまり、その広大な草原は天然の牧場といえる。私はチベット高原のさまざまな場所で調査を行っているが、どこまで行っても、またどこまで登っても、必ずヤクやヒツジに遭遇してたいへん驚いた。

この広大な草原には三つの重要な役割がある。まずは、家畜や農作物を支える農耕地・採草放牧地としての役割である。チベット高原を車や列車で移動していると、黄色の絵の具で描いたような主に菜種油を採取するための油菜（アブラナ）畑と草原に点在する家畜を目にしないことの方が珍しく、農耕地・採草放牧地としての役割は容易にわかる。次は、生物多様性の宝庫あるいはホットスポットとしての役割である。日本でも人気の高いサクラソウの原種や高山植物を中心に固有種や絶滅危惧種も多い。最後は、水や二酸化炭素の材料となる炭素といった物質循環の要としての役割だ。水に関しては、広大なチベット高原には山岳氷河や湖が多数点在しており周辺地域の水循環にも多大な影響を及ぼすことから、チベット高原は「アジアのウォーター・タワー」とも呼ばれる。炭素に関しては、広大な草原の土壌中に大量の炭素が有機物として溜まっていて、その蓄積量は熱帯林に匹敵するほどと見積もられている。したがって、草原が広がるチベット高原は、主要な二酸化炭素の貯留庫として注目されている。

草原に迫る危機

このように、特定の地域だけでなく地球全体にも影響を及ぼすようなチベット高原だが、やはりこの極地も環境変動の影響を受けて存続の危機に立たされている。第一の危機は、今日の地球温暖化に代表される気候変動である。高標高域に広がるチベット高原は、北極圏のような高緯度地域と同様に、地球温暖化に対して脆弱(ぜいじゃく)な地域として、世界各国の研究者が注視している。チベット高原に広がる広大な草原の場合は、温度上昇だけでなく降水量のわずかな変化、草原そのものの変化（砂漠化や、草原がかん木帯等の異なる植生タイプに変化するなど）に加えて、チベット高原を源流域とする東アジアの気候へも重大な影響を及ぼすおそれがあり、注意が必要だ。

もう一つの危機は、過放牧である。前述したように、チベット高原の草原は天然の牧場であり、有史以前から持続的に利用されてきた。しかし、一九〇〇年代後半に入って、チベット高原の草原を利用する家畜数が急激に増加し、天然の牧場に生える草が食べ尽くさ

すみかの穴から顔を出してあたりをうかがうチベットナキウサギ。▶

れる地域が出始めている。そうするとどうなるか。多くの場合、緑豊かな草原は、土壌表面が露出する退化草原へと変化してしまう。そのまま放っておくと砂漠化の危険すらある。

チベット高原の草原の場合、草と家畜の関係だけを考えれば良いのではない。実は、この草原の持続性の運命を握るもう一つの生きものがいる。それが、チベットナキウサギだ。チベットナキウサギは、北海道に棲息するエゾナキウサギの仲間で非常にかわいらしく、初めて目にする旅行者は魅了されるが、現地人にはうとまれる存在だ。というのも、かれらはモグラのように土壌中に長いトンネルを掘り、植物の根を盛んに食べて草原を荒らすからだ。彼らの天敵としてさまざまな肉食動物がいるが、それらの多くは現地人の生活圏付近では見かけることは少なく、ヒマラヤハゲワシが数少ない天敵となっている。

私は当初、過放牧によって草原が退化すると、チベットナキウサギの身を隠す草が減少するために天敵から見つかりやすくなり、個体数は減少すると思っていた。しかし実際はその逆、つまり過放牧による草原退化によってチベットナキウサギはかえって増加すると考えられている。その理由は、草原の退化によってナキウサギの方が早く天敵を発見するようになり、捕食されることが少なくなるためらしい。にわかには信じがたい話だが、実際に過放牧気味の草原ではナキウサギをよく目にするだけでなく、ナキウサギによって掘り返された土が草原に広がり、遠くからみると茶色の草原に見える。

過放牧が引き金となる危機について、地方政府も気がついており、家畜数を

◀高山草原でチベット族の現地人に質問する日本人学生（青海省海北チベット族自治州）。

制限する地域も少しずつ出てきている。しかし、それでもなお、チベット高原における家畜数の増加は続いており、今後さらに草原の衰退が加速化されるかもしれない。いずれにしても、極地に広がるこの広大な草原は、ヒト、家畜を含む様々な生き物の相互作用も含みつつ持続的に利用されており、かつその存続の岐路に立たされていると考えるべきだろう。

現地の人と一緒に、腰を据えて考える

気候変動と過放牧、いずれもヒトが少なからず関与している環境変動に対して、この広大な草原がどのように変化するのか、あるいは今後もこの草原を持続的に利用していくにはどうすべきか早急に考えていく必要がある。その際に肝要なのは、研究者のみならずそこで生活する現地人も交えて一緒に考えていくことである。私がこの地で調査することになって一五年がたつが、現地人から得られる情報が非常に有効である。当たり前のことだが、彼の地でずっと暮らしている現地人は、自然のことから社会情勢まで、実に多くのことを熟知している。チベット高原が天然の牧場だからこそ、彼らと現場でバター茶を片手に現地の言葉で会話しつつ、今後について考えるような姿勢がとても重要であると感じている。

祁連山脈の山麓に広がる夏放牧地。所々に放牧の影響を調べるための調査区が設けられている。

■チベット高原へのアクセス情報（難易度・中級）

東京から北京あるいは上海を経由し、空路でチベット高原北東端部の入り口、西寧空港（青海省）へ。西寧空港から最寄りの集落である門源までは、列車や乗り合いタクシーを利用（所要時間約四時間）。二〇一五年以降は、蘭州西駅（甘粛省）とウルムチ駅（新疆ウイグル自治区）を結ぶ蘭新線第二複線（高速鉄道）が利用可能になり、西寧駅から門源駅まで四〇分ほどで行ける。

ただし、門源駅を含むこの地域一帯は、非開放地区である海北チベット自治州に位置にあるため、全ての外国人は外国人旅行証が絶対に不可欠。最近は特に入境審査が厳しくなり、招聘状がないと外国人旅行証の申請すらできない。無事に外国人旅行証を入手できたら、中国科学院西北高原生物研究所のフィールドステーションの一つである青海海北高寒草地生態系統国家野外科学観測研究所を拠点にして移動すると便利。写真のような高山草原は、この観測研究所から未舗装道路を一時間ほど走ったところにある。発展著しい西寧市では食料のほか、アウトドア用品も購入できる。

乾燥地へ

ほぼ全ての生物にとって、水が得られるかどうかは死活問題だ。人間も、水さえあれば食べ物がなかったとしても二〜三週間は生きられるが、水を飲まないと四〜五日で死んでしまうらしい。砂漠やステップと呼ばれる草原は、時に「暴力的」と表現されるほどの熱風と乾燥が同時に襲ってくる場所だ。そうした砂漠は、けだるそうに歩くラクダくらいがお似合いだろうと思うが、実は空一面を覆い尽くすほどのバッタが、タネを枝につけたままにしている植物が、そして暑さに耐えながら生活する現地人と、それらひっくるめて研究している生態学者がいる。そう、砂漠は「変な生きもの」の集まりなのだ。その様子、しかとご覧あれ。

前野(まえの)ウルド浩太郎(こうたろう)
国際農林水産業研究センター
専門は昆虫学

サハラ砂漠にバッタを求めて

捕まえておいたアリを日なたの地面に落とすと、あまりの熱さに即死していく。日かげにいてもドライヤー並みの熱風が襲ってくる。サハラ砂漠(さばく)は暴力的だ。こんなところで調査できるのかしら……。

研究対象の生物の生息地に赴き、野生の姿を観察することは研究の基本中の基本だ。ただ、どこにすんでいる生物なのかを気にせずに研究対象を選んでしまうと、時としてとんでもない所に出張する羽目になる。うかつにも、私は砂漠にすむバッタに手を出してしまったため、西アフリカのサハラ砂漠に身を投じることになった。わざわざ遠出せずに日本のバッタを研究したらいいじゃないかと思うなかれ。砂漠のバッタにこだわるのには、深い理由があるのだ。

身も心も焼け焦げる砂漠にて、バッタを追いかけ回すフィールドワークの模様をドラマチックに紹介したい。

大発生する砂漠のバッタ

サハラ砂漠に生息するサバクトビバッタは、しばしば大発生し、大群で農作物を食い荒らし、深刻な飢饉を引き起こす。成虫の体長は約六～八センチメートルほどで、一日に一〇〇キロメートル以上も飛び、過去には海を渡って約四〇〇〇キロメートルも飛んだことがある。昆虫の中で、一度の飛翔で最も長距離を飛んだ世界記録をもっている。巨大な群れは東京都を覆い尽くすほどの大きさになる。天地を覆い尽くすほどのバッタの大群がいきなり飛んできて、緑という緑を食い尽くすため、現地ではバッタの大発生は天災として恐れられている。

そもそも砂漠でバッタがどうやって大発生しているのか。そのメカニズムはいまだに謎に包まれているが、大雨の年に大発生することが多い。ふだんは乾いた砂漠だが、大雨が降るとすぐに緑が芽生え、これがバッタのエサとなる。例年だと雨季でも雨が降るのは数日間だけのため、生えてきた草も二か月以内にほとんど枯れてしまう。しかし、大雨が降ると広範囲にわたって植物が枯れずに長生きするため、パラダイスを目がけてどこからともなくバッタが飛んで来て、大繁殖が始まる。

現地では、季節風の先に雨が降っていることが多い。サバクトビバッタは風に乗って移動する習性があるため、風まかせに飛んで行くとえさ場にたどり着きやすい。しかしながら、えさ場にたどり着いたからといって、短期間のうちにどうやって爆発的に個体数を増やしているのか。それは、バッタが秘める「相変異」という特殊な能力が関係している。

バッタの特殊能力

サバクトビバッタは普段はまばらに生息し、大人しく、行動的にも体色的にも目立たない。このときのタイプは、孤独相と呼ばれている。しかし、局所的に個体数が増えてお互いに刺激し合うと、幼虫は黒と黄色の目立つ体色になり、群れで移動をはじめる。このように活発的に動き回るタイプは群生相と呼ばれ、行動や形態、生理的特徴が激変する。この変身能力は、「相変異」と呼ばれ、「表現型可塑性」の一つとして知られている。例えば、

表現型可塑性とは？

生物の個体がもつ遺伝子の構成を「遺伝子型」という。ある遺伝子型が形質（体のつくりや行動、生理的性質などの生物の特徴）としてあらわれたものを「表現型」という。この表現型が、環境条件に応じて変わることを「表現型可塑性」という。遺伝子の構成が同じなのに、環境に応じて形質が変わるのだ。不思議に思えるが、この現象は、サバクトビバッタ以外にも、いろいろな生物で見つかっている。

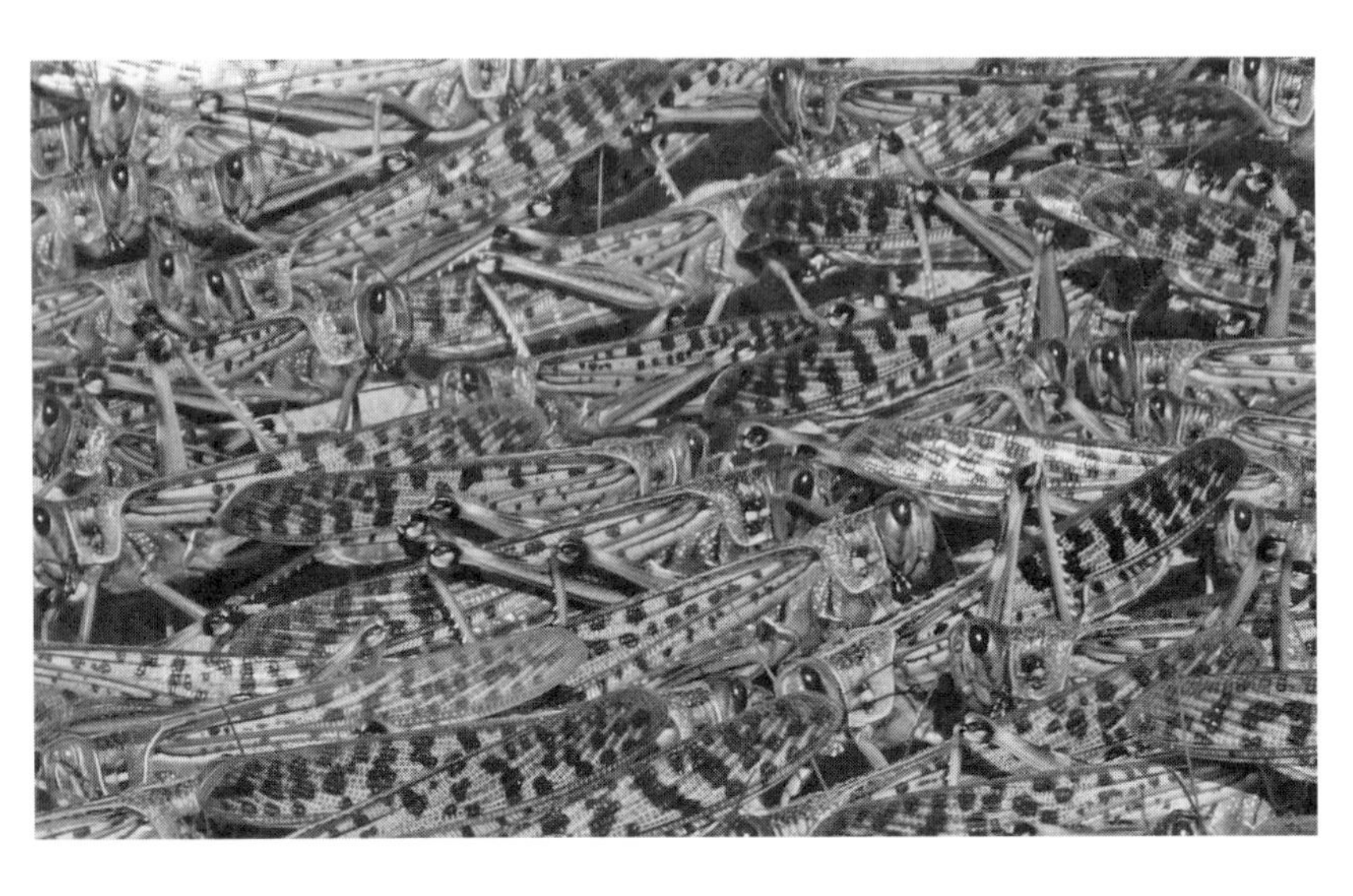

卵の大きさには変異が見られ、雌成虫は群生相化すると数は少なくなるが、より大きい卵を産む。大きい卵から孵化(ふか)した幼虫ほど、飢餓(きが)に強く、貧弱なえさ環境下でも生き延びる確率が高まる。卵から孵化した幼虫は、草が枯れるまでに成虫にならなければ、悪化していく環境からの脱出は難しくなる。群生相の幼虫は、脱皮回数を一回減らして発育期間を短縮することで、早く成虫になる。さらに、群生相の幼虫が成虫になると翅(はね)を発達させ、長い距離を飛翔(ひしょう)するのに適した形態になる。また、羽化後、早く性成熟して卵を産みはじめる。すなわち、群生相になると新しい環境にたどり着きやすくなり、早く子を生産できるようになる。

　大発生時には全ての個体が群生相化するため、大発生と相変異は密接な関係があると考えられてきた。しかし、実際には現地調査はほとんど行われておらず、野生のバッタがどうやって相変異を駆使し、気まぐれな砂漠で生き延びているのか詳しくわかっていないのだ。この点を明らかにすべく、私は砂漠に乗り込んだ。

バッタの隣にいるために

　私は西アフリカのモーリタニア・国立バッタ防除センターの仲間たちと協力し、現地調査を行っている。モーリタニアの国土は日本の約三倍で、その九割が砂漠地帯。バッタがどこで、どのく

◀調査地では野宿する。

サバクトビバッタの群生相の成虫。▶

らい発生しているのかを突き止めるため、いつも調査隊が全国各地をパトロールしている。無線通信を使えば、砂漠の真ん中からでも数百キロ離れた首都の本部に連絡可能だ。バッタの群れが発見され次第、殺虫剤を積んだ防除隊が本部から出動していく。私も調査地を決めるときはこの情報網を利用している。四輪駆動の車両に食料、キャンプ用品、研究資材を詰め込み、GPSを頼りに現場に急行する。

観察時間が長くなるほど、多くのデータと「気づき」を得られる。しかし、体力や物資には限りがあり、現場に滞在できる時間は限られている。限られた滞在時間内でバッタと過ごす時間を長くするためにさまざまな工夫が必要となってくる。

調査地は街から数百キロ離れているため、遠い時だと片道八時間はかかる。毎日の通勤時間を省くため、調査地で野宿をする。野宿をしても、飯を作ったり、テントを準備したりとなにかと雑用があるが、これらの作業は全て人に任せてしまう。ドライバー兼アシスタントとコックを雇えば、雑用から解放されて調査に専念できる。

研究テーマ選びも重要だ。何を研究するかは、現場にたどり着いてから、その場の状況に応じて考えることが多い。内部形態の観察なんかは室内でもできるため、なるべく動いているバッタを観察できる研究テーマを選ぶ。バッタが一日のうち、いつ、どこで、何をしているのかを数日間にわたり観察することが多い。ここで重要となるのは、観察の頻度

◀サバクトビバッタのすむ砂漠。

をどうするかだ。後先考えずに一時間おきの観察をデザインしたときのこと。調査に出向いてテントに戻ってくるとすぐに次の調査に向かわなければならず、全然休めず、大変な思いをした。

さらに問題となるのは、炎天下の中でどう調査するかだ。雪国育ちのくせに灼熱な日差しを浴びながらの調査は熱中症の危険が高まるが、私は独自の対策方法を編み出していた。

モーリタニア流の暑さ対策

日中に調査するときは、顔にこってりと日焼け止めクリームを塗りたくり、トレッキング用の靴、長袖長ズボン、帽子、サングラス、マスクを身につける。この不審者スタイルは、砂漠の暑さから身を護るのにうってつけだ。しかし、これだけでは太刀打ちできないため、服がびしょびしょになるくらい水を浴びてから調査に出向く。日中は湿度が低いので、こうしておけば太陽の下でも気化熱でひんやりと快適に過ごすことができる。実は、モーリタニアでは水を入れたポリタンクに布を巻きつけ、水をかけて気化熱で冷やし、ちょっとだけ冷たい水を飲んでおり、そこからヒントを得た。ただし、「人間ポリタンク」になっても、炎天下では涼しいのも一時的のため、その後の調査は、根性で耐えるしかない。オーバーヒート寸前でテントに逃げ戻ったら、すかさず体の中からクールダウンを始める。

調査には、凍らせた水のペットボトルを仕込んだクーラーボックスを持っていく。おかげで砂漠の中でも冷たい水にありつける。マンゴー味の粉ジュースで味付けするとグビグビいけて、水分の吸収が格段とよくなる。さらに、モーリタニア流の暑さ対策として、砂糖がたっぷり入った熱いお茶（中国茶）を飲む。モーリタニアでは、ショットグラスのよ

うな小さなグラスにお茶を注ぎ、三杯に分け、三〇分ほど時間をかけてゆっくりと飲むのが慣習だ。暑いときに甘くて熱いお茶を飲むと不思議とさっぱりする。お茶を飲まずに調査を進めていると頭痛がしてくるが、こいつを飲むと不思議と頭痛がなくなり、力が沸いてくる（※個人の感想です）。

その土地に学ぶ

極限環境で研究する者たちは、研究活動を始める前に、まずはその過酷な環境と上手にお付き合いしなければならない。苦労の末、発表された論文の裏側には、著者たちの自然との熾烈な闘いがあったことを読者は忘れてはいけない。最近は何かと自然環境に適応するための便利な道具が誕生しているが、その土地に根付いた生活の知恵を取り入れることで、特別な道具に頼らずとも自然と付き合うことが可能になる。さらに現地の文化を取り入れることは、現地の人々の歴史を尊重することにも繋がるため、現地スタッフたちと仲良くなれるおまけつきだ。

肝心のバッタは、焼け死ぬほどの暑い時間帯は日かげで涼んでいる。砂漠では日かげが一番の特等席だということをバッタから学んだ。

地球温暖化が懸念され、猛暑に悩まされる日本列島。そのうち、モーリタニア流の甘いお茶が日本で流行る日が来るかもしれない。

■**砂漠のバッタを見てみたい人のためのアクセス情報（難易度・上級）**

日本から中東を経由し、空路でモーリタニアの首都にあるヌアクショット空港へ（約三五時間）。共同研究機関の国立バッタ防除センター所有の車両にて、ひとまず本部へ（約一時間）。バッタ発生地のサハラ砂漠には、車で向かう（近いと三時間、遠いと八時間ほど）。フランス語かアラビア語を駆使し、ドライバーと会話する必要あり。予防接種を約一八万円分打っておくと安心。

空中に種子を貯める砂漠の一年草

成田 憲二（なりた けんじ）
秋田大学教育学部
地域文化学科
専門は
植物生態学

砂漠は暑い　しかも予想を超えて暑い

かがんで植物の測定をしていると、熱せられた砂のせいで靴の裏が熱くなり、じっとしていられない。ボタボタと顔からしたたっていた汗も止まり、あれほどしつこく身体中にたかっていたハエも暑さでどこかに消え去った。頭上に差し掛かった太陽がグイグイと上から押し付けてくるように暑い。日本よりずいぶん太陽が近くにある感じがする。まわりに身を隠すべき場所がない我々は、今日も一一時頃、逃げるように調査地から撤退した。

インド北西部からパキスタンとの国境付近に広がるタール砂漠の中、オアシスの街ジャイサルメールの近くにあるチャンダンという村にある調査地まで、舗装された道が点在する町や小さな村々をつないで砂漠の中に伸びている。石造りの簡素な住居、道にあふれるヒツジの群れ、ラクダは建築物のような不思議なシルエットでゆったり歩いている。子供達が手を振りながら車に向かって走っている（たまに石を投げてくることもあるが）。金属や鏡の飾りが散りばめられた赤い民族衣装が、青空と茶色い砂漠の中で美しい。

コーンをつけたブレファリス・シンディカ。繁殖期の終わりの大型個体。▶

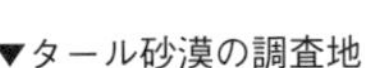

▼タール砂漠の調査地

この地域には夏（乾季）・モンスーン・冬と季節は三つあり、夏の環境の厳しさは極限環境というにふさわしく、最高気温は四〇度を超えしばしば五〇度にもなる。降水のほとんどは七～九月のモンスーンにスコールとして降り、年間降水量は一五〇ミリほどだ。日本（東京の年平均降水量はおよそ一五二八ミリ）のような温帯地域では考えられないほどのこの高温と乾燥は、非常に強い環境因子として生物の進化に強く作用しているのではないか、その強い作用に対して何か珍しい生態を持つ植物が見つかるのではないか、と私は考え砂漠にやって来たのである。

　興味を引いたのは、ブレファリス・シンディカという、タール砂漠にのみ生育する一年草である。この植物ははじめ緑色だが、成長するにつれて茎や枝が木のように堅くなる。そして乾季には葉を落として死んでしまうが、高さ一〇～二〇センチの枯れた個体が砂の上に生きていた時と同じように立っている。その枯れた枝や茎にはトゲだらけの堅い苞葉（ほうよう）のかたまり（コーン）がいくつもあり、その中にスイカのタネみたいな堅い果実が隠れていて、中には直径四ミリほどの円盤状の種子が二枚入っている。こんな枯れた草が砂の上のいたるところに立っている。どうやらこれは、一年草なのに種子をすぐには散布せずに、枯れた個体上に保持しているのではないかと考え、この植物を研究対象とした。

空中種子バンク

植物の種子は、たいていつくられたらすぐに土壌に散布され、条件がそろった時に発芽するように進化してきた。ところが一部の樹木は、つくった種子を数年から数十年、そのまま枝につけたままにすることがある。土壌に散布され、土に埋まった種子の集団を埋土(まいど)種子バンクと呼ぶのに対し、親植物の枝などについた種子集団は空中種子バンクと呼ばれている。これらの植物は乾燥地や北方の林など、雨が降ったあとや火災の直後でなければ芽生えの生き残りが困難であるような生息地でよく見られることから、よい環境の訪れに合わせ、それまで空中に貯めた種子を一度に散布させることで、芽生えの生存率を高めるという適応的な役割が考えられている。

砂漠での一年草の空中種子バンクはなぜ興味深いのか?

堅い枝を毎年伸ばし、その積み重ねで大きく枝を広げる樹木の場合、空中に種子バンクを持つことはそれほど難しくなさそうだが、毎年枯れる一年草の場合はどうだろうか?茎や枝を翌年まで立てておくには、それなりの丈夫さが必要だから、つくるための資源が多く必要だろう。そんな丈夫な茎をつくらずに、その分で種子をつくった方がいいのでないだろうか? すぐに死ぬのがわかっているのに、わざわざ枝や茎を堅くするのは、それが砂漠環境にうまく適応するための重要な役割を持っているということではないか。

砂漠植物の種子は、乾季の間、乾燥や熱によるダメージや、ネズミ、昆虫類などの捕食の危険にさらされている。ようやく降った雨も砂の中へしみ込んだり、強い陽射しですぐ

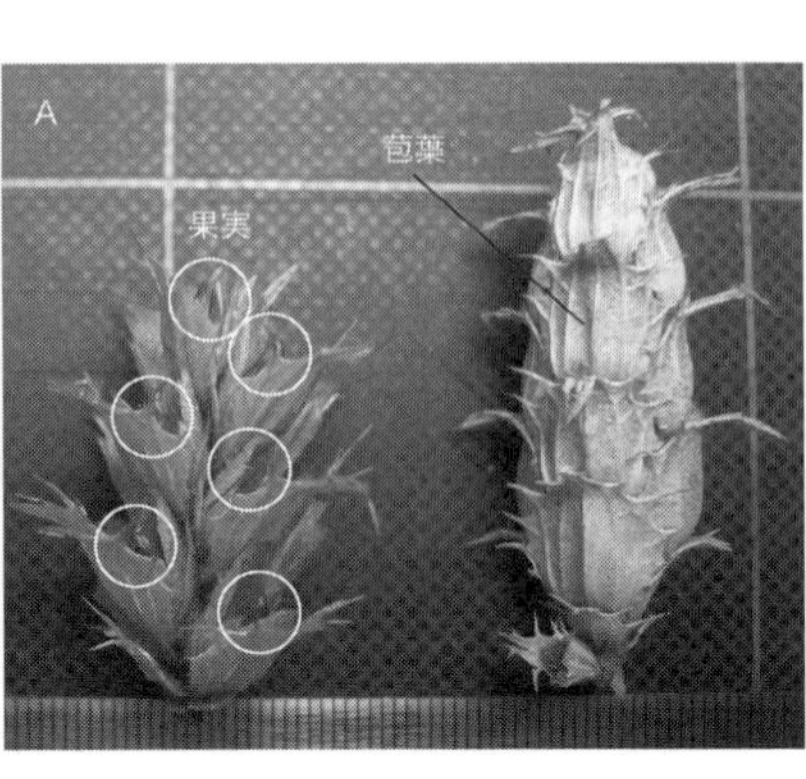

に蒸発するため、必ずしも一度の雨が花をつけ種子をつけるのに十分な生育を保証するとは限らない。せっかく発芽しても、降った雨が十分でなければ繁殖できずに死んでしまうことになる。

トゲだらけの苞葉と堅い果実で包んだ種子を枯死した体につけておくことは、地表での種子の高い死亡リスク避け、雨に合わせて散布するのに役立っているのではないだろうか？　あてにならない一度の降雨で全ての種子を散布せず、何度かに分けて散布することも重要なはずだが、どうやるんだろう？

モンスーン前に、地表での捕食回避という空中種子バンクの役割を確認するための実験をした。枯死体から採った果実とコーンを地表に置き、減っていく様子を毎日観察したのだ。周りの砂をきれいにならしておくと足跡がつくので、何が持っていったかわかる。結果、ほとんどの果実とコーンはすぐにネズミの仲間に持ち去られた。しかし、すぐ横の枯死体上の果実とコーンは持ち去られていない。つまり、空中種子バンクは捕食からの回避に役立っていることがわかった。ついでに他のタネではどうかとピーナッツを置いてみたら、すぐ持ち去られ近所の子供の足跡がついていた。

次は、散布の特性とそれに引き続く成長や死亡のパターンを知りたい。散布の引き金になるのが雨なのは確実だが、実験室でコーンを水につけてただけではなかなか散布されないし、実際の生育環境での調査でなければ野外で起こっていることを十分に説明しているとは言えないだろう。やはり、現地に行って雨を待つしかない。調査地で雨を待ち、幸運にも雨が降ってそしてたくさんの

ブレファリス・シンディカの各部の名称　▶
A：コーン。トゲがある堅い苞葉が果実を包んでいる。右が乾いた状態、左が濡れた状態で、苞葉が開いて中から果実が見えている。
B：濡れたコーンを上から見たところ。黒っぽい果実が見える。乾くと、苞葉は元の状態（Aの右側の状態）戻る。
C：中央から割れた果実と、中の種子。水がしみこむと、果実は先端側（写真上方）から瞬間的に二つに割れる。果実にはフック上の堅い部分があり、果実が割れるときに種子を弾くようになっている。これにより、直径約四ミリの円盤状の種子が数メートルほど遠くへ飛ばされる。

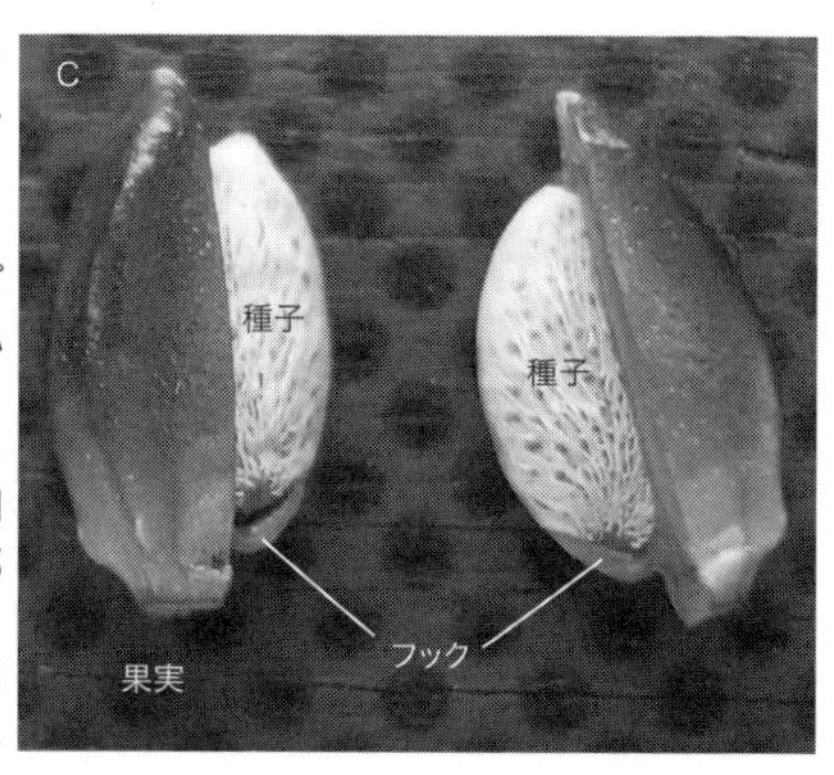

種子が散布されたら、発芽した実生にマークをつけてその後の成長と死亡、種子生産などを追跡調査しよう。そして、次の雨を待ち同じ調査をし、また、次の雨を待とう。そうすれば、種子がどのように散布されるか、その後の成長・死亡などに降雨のタイミングや降水量がどのように関係しているかがわかれば、この植物の生態を明らかにできるはずである。

これが、私の調査計画の全てであった。今年ダメでも来年とか再来年とかあるはずだ。今考えればのんきというかノーテンキなもんである。

嵐のような雨は降った

六月末に調査助手の学生を引き連れて調査地があるチャンダン着くと、枯れた植物とカラッカラに乾いた砂丘がずっと向こうまで広がっている。

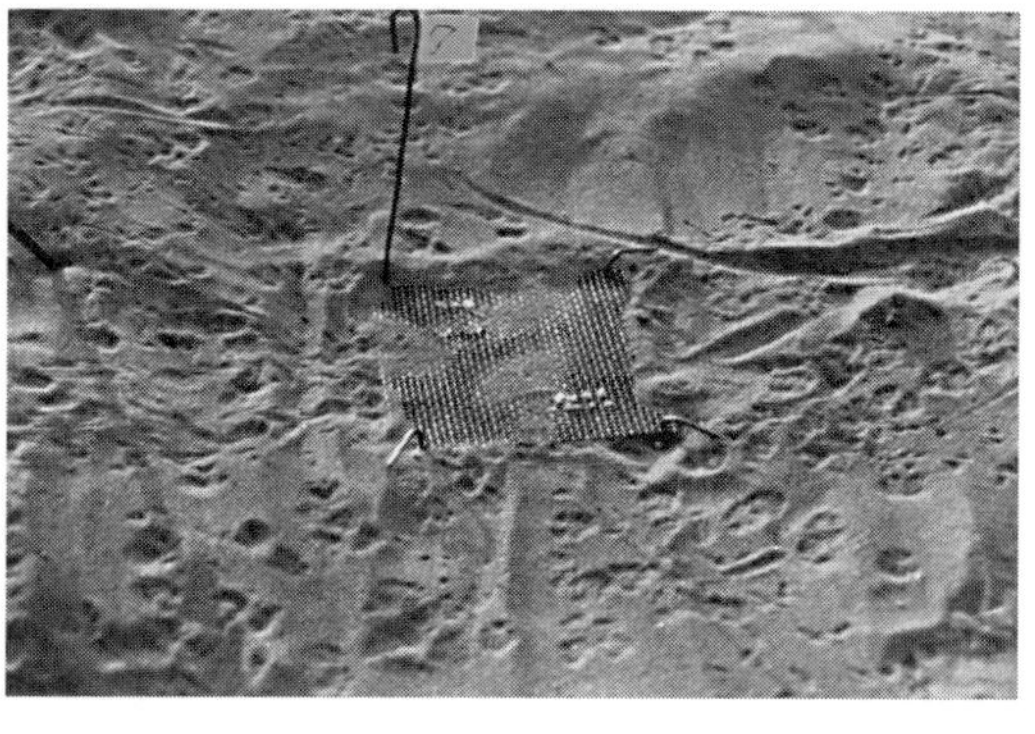

種子の捕食の様子を調べる。金網の上にコーンから取り出した種子を並べ、どのように減っていくかを観察した。周囲には、ネズミ類の足跡がたくさんついている。　▶

昼の猛暑を宿でしのぎ、午後三時頃調査地に戻ってみると、相変わらずひどく暑いが、遠くに見えていた積乱雲が次第に近づいてきた。そしてだんだん暗くなって地表を強い風が吹き始めた。嵐がやってきた。調査地に着いたその日にシーズンはじめの降雨に出会えたのである。

バケツをひっくり返したような雨の中、車の中で雨がやむのを待っていた。しばらくすると地表の砂を強く打つ雨粒とは別に、砂の上に白い粒々があるのが見えた。外に出て近寄ってよく見るとブレファリスの種子が地上のいたるところにある。雨に打たれながら見ていると、パチッパチッという音とともにブレファリスの果実が弾けて中の種子が散布され、ずぶ濡れの我々の身体中に飛んできた種子がくっついてくる。調査助手の学生とお互いの顔についた種子を取り合いながら嵐の中で笑いあった。散布の謎が解けた。

ブレファリスの種子散布

この種の種子散布は降雨により苞葉が濡(ぬ)れることから始まる。しばらく雨に打たれ水が染み込んだ苞葉がゆっくり開き、中に包まれていたスイカのタネのような果実が現れる。この果実がさらに雨にさらされると瞬間的に真ん中から縦に割れ、フックによって二枚並んだフリスビーのような種子をはじき飛ばすのである。そして、雨が止むと苞葉は乾きながら静かに閉じ、弾けなかった果実をまた包むのである。これらのことがスコールのたびに起こる。現地で雨に濡れないと観察できない現象である。

幸運にも、この最初の降雨を含めて一二回もの降雨に恵まれ、調査は予想外に進んだ。種子散布は雨のたびに繰り返され、六回の降雨について雨ごとに一〇〇個体の実生にマークをつけ、成長と死亡の過程、最終的な種子生産まで測定できた。最終的な種子生産量は、早いタイミングで発芽した個体で高い傾向が見られた。散布を引き起こした雨の降水量と繁殖成功度には関係は見られないが、散布から一か月間に降った降水量は種子生産に強く影響していることもわかった。早めに散布するのは有利であるが、引き続き雨がないと死んでしまう個体が出てくる。つまり、複数の降雨に分けて種子を散布するほうが、一度の降雨に全てを任せるより砂漠では良い方法なのだ。

散布は堅い苞葉と果実の二つによりコントロールされていた。苞葉は濡れると開き、乾くと閉じるを繰り返すことで果実への水分を制御し、果実は十分水を得た時、瞬間的に割れ、中の種子を遠くへ弾き出す。空中種子バンクでなければこのようなコントロールはできない。さらに、実は雨季が終わった後でもおよそ二五%の果実がまだ散布されずに枯死体上に保持されていた。今年ダメだったとしても、来年があるのだ。

わざわざ枯死体を堅くするコストは、乾季の種子を乾燥や捕食者などから守るだけではなく、散布タイミングの制御と遠くまで散布することで得られる利益で埋め合わされるのだろう。長い時間をかけた適応進化により、複雑かつ見事な構造が種子を守り降雨に反応してまるで生きているように種子散布を繰り返す。この植物はこんな戦略で、予測しにくい極限の砂漠環境を生き残ってきたのである。

ヒトも先のことはわからないけれど、やってみれば結構なんとかなるもんである。とりあえずやってみるという戦略がヒトの行動パターンに生き残っているのも、案外やればなんとかなるからだろうか。

■タール砂漠に行ってみたい人のためのアクセス情報（難易度：中級）

東京から空路ニューデリーを経由し、タール砂漠の入り口のジョードプルへ。ここは城塞や宮殿などが有名な美しい観光都市。この周辺でも十分砂漠を楽しめるが、日本人がイメージするような砂丘が続く砂漠を見るならバスやレンタカーで四、五時間かけてジャイサルメール付近まで行かなければならない。

乾季は非常に暑く野外での行動は危険なうえ、植物は休眠期である。砂漠の植物を見るために訪れるなら、比較的涼しいモンスーン期が始まる七、八、九月が良いが、蒸し暑いし洪水のため度々交通が麻痺（まひ）するので注意が必要。一一月頃から二月頃はより涼しいが、植物は少なくなる。この地域はマラリア大流行地帯なので、必ず何かしらの準備を忘れずに。

乾燥草原で、生物多様性の役割を考える

佐々木（ささき） 雄大（たけひろ）
横浜国立大学大学院
環境情報研究院
専門は
生物多様性保全学,
草原生態学

北東・中央アジアの草原

北東・中央アジアから東ヨーロッパにかけての乾燥した地域では、降水量が非常に少ないために樹木は生育できず、イネ科の草本植物を中心とした大草原が広がっている。その面積は二五〇万平方キロメートル（日本の国土の六倍以上）にもおよぶ。これらの草原の多くは、草刈りや火入れなど、人が手を加えることで維持されている草原ではなく、人の干渉がなくとも気候的な要因によって成立する自然草原である。

今回紹介する私の研究のサイトは、年降水量が二〇〇〜三〇〇ミリメートル程度しかないモンゴル草原にある。日本全国の平均的な年降水量が一七〇〇ミリメートル程度であることを考えれば、きわめて乾燥した気候であることがわかる。冬は気温が氷点下二〇〜三〇℃にもなるため、植物の生育は年降水量の大部分が降る、短い夏の間だけとなる。草原における人々の暮らしは、主に家畜生産によって支えられており、家畜のえさとなる植物は欠かすことができない。しかし、モンゴル草原はいま、過剰な放牧による草原の荒廃、干ばつや雪害などの自然災害の頻発といったさまざまな問題を抱えている。同じ北東アジア地域に住む人間として、私も含め多くの日本人研究者が、現地の研究者と協力しながら問題への対応や解決に取り組んでいる。私自身は二〇〇四年に初めてモンゴルを訪れ、草原の生態系や生きものに魅せられ、以来、毎年夏は欠かさず大草原の中に身を置くことと

なった。草原での研究は、いまや私にとってライフワークとなっている。

人間活動と生物多様性と生態系のさまざまな機能

近年の人間活動はさまざまな生態系に影響をおよぼしており、生物多様性を変化させている。たとえば、開発による生育・生息地の破壊や分断化は、生物多様性の低下をもたらしてきた大きな要因の一つである。また、外来生物の侵入は在来生物の存続を脅（おびや）かし、多くの生態系で生物多様性を減少させている。

このような生物多様性の減少への危機感の高まりから、「生物多様性をどのように保全するのか」ということが、研究者の間で長らく議論されてきた。そこから、「なぜ生物多様性を保全するのか」という問いかけが新たに生じ、生態系が健全に機能するうえでの生物多様性の役割を解き明かすことの重要性が認識されるようになった。

世界各地の草原・草地での実験を中心とした研究により、生物多様性の減少は、生産性、物質の循環や分解、土壌の安定化、水質の浄化といった生態系のさまざまな機能（「生態系機能」とよんでいる）を低下させることがわかってきた。植物は光合成によって有機物をつくり、土壌中の水分や栄養を利用し、水分を大気に

北東・中央アジアの乾燥地域における
イネ科草本植物を中心とした草原．写
真は、モンゴルのフスタイ国立公園の
実験サイト。▶

循環させる。植物の枯れ葉や枯れ枝はやがて微生物によって分解される。このように、さまざまな生物によって支えられる生態系の働きが、生態系機能である。そのため、生態系を構成する生物種が減少すると、異なる種が互いの機能を補い合ったり、重複した機能を持ったりする可能性が失われ、結果として生態系全体の機能が低下する。

モンゴル草原でも、このような生物多様性の減少とそれにともなう生態系の機能の低下が心配されている。特に、社会経済状況の変化、急速な近代化、人口の増加は、牧畜民の定住化や都市周辺への集中、家畜頭数の増加を引きおこし、草原が過剰に利用されることによって、草原の劣化および生物多様性の減少が進んでいる。草原の生物多様性の減少は、植物の生産力を中心とする生態系機能を低下させるため、その影響は草原の植物をえさとする家畜の生産に及んでいくと考えられる。したがって、モンゴル草原の生態系機能に対する生物多様性の役割を解き明かすことは、草原を持続的に利用していくうえで避けては通れない課題だ。

そこで私たちの研究グループでは、生物多様性の減少によって生態系機能がどのように変化するか、生態系機能が著しく損なわれないようにするにはどのように生物多様性を保全したらよいのか、といった問いをかかげて研究を進めている。

操作実験で生物多様性の役割を調べる

生態系機能に対する生物多様性の役割を理解するための研究手法の一つに、野外での操作実験がある。操作実験とは、その他の要因をできるだけ均一にコントロールしながら、ある要因を人為的に操作して、その要因が注目する変数にどのような影響を与えるのかを

モンゴル、フスタイ国立公園内の実験サイトの区画で植物除去操作を行う。実験の一区画の大きさは、3×3m（白いテープで囲まれた部分）。左は除去操作前。右は主にイネ科の多年生草本の除去が終了したあと。

明らかにするものである。野外では環境条件が場所によって変化する。しかし、場所を限定すれば、環境条件がある程度均一になるようにそろえた実験区を複数作ることができる。それぞれの実験区で、注目する要因（私たちの実験では植物の種数）を操作する。すると、その要因が注目する変数（私たちの実験では生産量）にどのような影響をどの程度与えるかを検証することができる。

私たちが行った操作実験は、植物の種数がどのような影響をもたらすかを調べるためのものだ。小さな区画（数メートル四方程度）の実験区を作り、区画内に生育している植物の種を取り除いて種数の操作を行う。実験を始める前に除去する種を決めておき、土壌や、残しておく植物への影響ができるだけ出ないように注意しながら、除去の対象となる種を一個体ずつ、根ごと取り去る。写真のモンゴルフスタイ国立公園の実験サイトでは、除去の操作を行わない区画（種数は一三〜一七種）、そして一一〜一二、九〜一〇、七〜八、四〜六、一〜三種で構成される区画を作成した。

この実験では、種数を操作するだけでなく、どのような種が失われるかも区画ごとに変化させた。たとえば、四種を除去する場合でも、ある区画ではイネ科の草本植物を四種除去、別の区画ではイネ科以外の草本植物を四種除去する、といった違いを設けた。実験区によって除去する植物個体数は異なるが、最大で四〇〇〜五〇〇個体を除去しなければならず、きわめて地道な作業だった。一つの区画の操作を終えるのに、数人がかりで黙々と作業をして、一〜二時間も要する。しかし、一日の作業を終えると、見渡す限りの地平線に沈む夕日が中国内モンゴル自治区のシリンゴル草原における生物多様性操作実験サイトの概観。実験区画（6×6m）において、植物種を除去することによって多様性を操作している。多様性操作による生態系機能およびその安定性への影響に関して、さまざまな研究を進めている。▶

肉体的な疲れを癒してくれる。このような実験は、中国内モンゴル自治区のシリン川周辺の草原でも行っている。

これまでにわかったこと

植物の有機物の生産量は、どのような種が失われるかによって異なることが明らかになった。また、その変化の違いは、実験操作の後に区画内に残った植物種の個体数や生産性が増加するかどうかによることがわかった。例えば、ある種が失われたあとに個体数や生産性を増加させ、その種が失われたことの影響を軽くするような種があるとしよう。それが操作実験によって多く失われれば、生態系の生産量は減少してしまう。

また、数年にわたる調査で、年ごとに変化する降水量に対して個体数や体のサイズが増加する種と減少する種がバランスよく含まれることで、生産性や物質の循環などの生態系機能が安定的に維持されるしくみがあることがわかってきた。多様な種を含む生態系ほど、環境の変化に対する種の反応が多様になり、環境変化に対するある種の機能の減少を別の種が補うチャンスが増えることになる。

今後に向けて

生態系機能における生物多様性の役割の理解は、なにも草原に限った話ではなく、食料、水、大気など、生態系からさまざまな恵恵を受ける私たち社会の持続可能性を考えるきっかけとなる。このような研究は、生物多様性をとりまくさまざまな環境問題への解決の糸口になったり、自然と共生しうる良好な都市環境の設計などを通して私たちの生活を豊かにしたりといった、さまざまな可能性をもっている。今後も、草原での実験研究を深め、生態系における複雑な生物多様性のしくみをひもとく努力を続けて行きたい。

■中国内モンゴル自治区のシリン川周辺草原（シリンゴル草原）へのアクセス情報（難易度：初級）

日本の各主要空港から北京までの直行便を利用、北京からは国内線を利用し、シリンホト空港へ。北京からの国内線は、便数が多く空港がきわめて混雑するため、出発二時間半〜三時間前までには空港に行くのが望ましい。

シリンホト市内からシリンゴル草原にある中国科学院内蒙古草原生態系研究拠点までは、タクシーあるいはレンタカーで七〇分程度。シリンホト市内では、水や食料が購入できる。研究拠点の宿泊施設は一般客も利用可能ではあるが、拠点周辺にゲル（モンゴルの移動式円形住居）に宿泊できるツーリストキャンプがいくつかあるので、そちらの利用をおすすめしたい。シリンゴル草原の多様な草花の鑑賞、乗馬やシリン川沿いでのバーベキューを楽しむことができる。

森へ

「生物多様性の宝庫」。そう表現されるほど、森は様々な生きもので満ち満ちている。さぞや生きものにとってすみやすい環境と思いきや、生物が多ければ多いなりの苦労もある。植物の場合、その最たるは、光合成をするための光をめぐる競争だ。あるものは暗さに耐え、またあるものは自分ではない生物に光合成を任せてしまい、またあるものは周りよりも大きくなり光を多く得ようと進化する。しかし、背が高くなったらなったで、また別の苦労が……。光だけではなく、いろいろな種がいるということは、同じ種どうしでやりたいこと――たとえば繁殖――をするのに工夫が必要になる。この章では、鬱蒼とした森の中で繰り広げられる生きものたちの決して楽ではない生きざまを紹介する。

熱帯雨林で起こる「森のお祭り」のメカニズムを解き明かせ！

市栄（いちえ） 智明（ともあき）
高知大学農林海洋科学部
専門は
樹木生理生態学，
森林生態学

生命の宝庫として知られる東南アジアの熱帯雨林。一年を通して高温多雨な気候の下に成り立つこの地のイメージとして、我々は、常に木々の花が咲き乱れ、虫や鳥たちが舞う姿を想像しがちである。しかし、実際の熱帯雨林は、ふだん花を咲かせている樹木はほとんどなく、思ったほど虫や鳥に出会うこともない。ただ、そんな静かな熱帯雨林の森で数年に一度、多種多様な樹木が突如として一斉に花を咲かせ、実をつける「森のお祭り」が起こることをご存じだろうか？　特に、樹高が四〇メートルを超えるような熱帯雨林の巨大高木の多くが、一斉開花と呼ばれるこの年にだけ、開花・結実することが知られている。

一斉開花の期間中は、樹木だけでなく、花や種子を利用する虫や動物たちも活発に行動するため、森の中がにぎやかな空気に包まれる。中には一斉開花の気配を嗅ぎ付けて、数十キロも移動してくる虫や動物もいるほどである。しかし、なぜ一年を通して真夏の熱帯雨林で、一斉開花のような現象が起きるのだろうか？　謎多きこの不思議な現象は、長きにわたってさまざまな分野の研究者を魅了してきた。私もそんな一人として、一斉開花のメカニズムの解明を目指し、今日も研究を行っている。

◀ランビル国立公園の一斉開花

なぜ一斉開花が起こるのか？

多くの植物は、主に風や動物の助けを借りて花粉を運んでもらい、受粉を成功させている。日本の森林では、スギやヒノキ、ブナ、コナラなど、風によって花粉が運ばれる樹種も多い。しかし、熱帯雨林の樹木の場合、ほとんどの樹種が昆虫や鳥類などの動物に花粉を運んでもらっている。それは、熱帯雨林はあまりにも樹木の種類が多く、それぞれの樹種で見ると一定面積あたりの個体数が極端に少ないために、風任せの送粉では受粉を成功させる確率が著しく低いからである。

ただし、いかに動物に任せた方が受粉の成功確率が高いと言っても、各樹種が気まぐれに開花していたのでは、動物に対して全く目立たないし、彼らのえさとして量的に魅力もない。そのため、東南アジアの熱帯雨林では、多くの樹木が科や属といった分類群の枠を超えて同調的に大量の花を咲かせる「一斉開花」と呼ばれる方法が進化したと考えられている。つまり、熱帯雨林が生物多様性の高い究極の森であるがために、皆が同調して一斉開花に参加し、一度にたくさんの花を咲かせることによって、より魅力を高めて送粉者を誘引させようとしているのだ。

さらに、熱帯雨林の多くの樹種が、一斉開花以外の年にほとんど花や種子をつけない。このことは、昆虫やネズミ、イノシシといった花や種子を食べる捕食者の個体数の抑制に役立っているようだ。逆に、一斉開花の年には彼らが食べきれないほどの種子を実らせて、動物が食べきれなかった種子や実生が生き残る確率を高めているらしい。

どうやって同調した開花を実現させているのか?

では、熱帯雨林の樹木はどうやって数年に一度の一斉開花をなしとげているのだろうか。そのメカニズムを調査した結果、一斉開花が起こる直前には、ふだんの熱帯雨林ではめったに起こらないような低温や乾燥といった樹木にとってストレスとなりうる気象条件が発生しており、それが一斉開花のタイミングとよく合うことがわかった。常に高温多雨な熱帯雨林の環境でまれに起きる、いわゆる「異常気象」を、多くの樹木が見逃さずに共通に認識し、開花を行っていたのである。

結実したフタバガキ科の樹木▶

しかし、実際に一斉開花の現場で観察していると、気象要因だけでは説明がつかないことも多い。例えば、一斉開花が起こった年でも全ての個体がこのイベントに参加するわけでなく、十分に繁殖可能なサイズや樹齢に達していても開花・結実しない個体も多い。同じ種類、同じサイズの近隣個体でも、それぞれ違う年の一斉開花に参加したり、樹冠の一部だけが開花・結実したりする場合もある。

一斉開花への参加のカギを握る要因は何か？

一斉開花を誘導するのに十分な気象条件が整った状況でも、なぜ一斉開花に参加できる個体とできない個体があるのだろうか？　この要因として、私は花や実をつくるために必要な栄養素（炭水化物・ミネラルなど）に注目した。一斉開花の時には、それぞれの樹木が大量の花や実を生産するために、多量の養分が必要になるはずである。また、一度一斉開花に参加すると、次の開花や結実のために必要な栄養分の回復に長い時間を必要とし、これが種子生産の豊凶（年変動）を引き起こしている可能性も考えられる。

私がまず初めに注目したのは、花や種子などの繁殖器官をつくるのに最も多量に必要になる炭水化物の動きである。繁殖器官を含め、植物の体から水分を抜くと、その半分程度が、炭水化物の基となる炭素で構成されている。炭水化物は樹木の葉の光合成活動によって生産され、エネルギーとして、呼吸や成長など全ての生理活動に利用される。しかし、一部は樹木の体内に貯蔵され、繁殖や傷害を受けた時の再生など、より多くのエネルギーが必要なときに利用される。一斉開花のような大量の花や実をつけるイベントでは、より多くの炭水化物が必要になるため、樹体内に蓄えられた炭水化物の量が、一斉開花への参加を決める要因になりえると考えたのである。

しかし、結果は予想に反するものだった。東南アジアの熱帯雨林を代表するフタバガキ科の巨大高木種について、一斉開花期間中の樹体内の炭水化物量の変化を調べたところ、炭水化物が特にたくさん必要な種子の成熟時期に、樹体内の貯蔵炭水化物はほとんど使われていなかった。その代わりに、この樹種は葉の光合成によって生産された炭水化物を直接使って種子を大きくしていたのである。別の手法を用いて、種子に含まれる炭素がつくられた時期を推定した研究でも、多くのフタバガキ科が種子生産に対し、一斉開花への参加頻度や一回の種子生産量に関係なく、種子が成熟する時期から一年未満に生産した比較的新しい光合成生産物を利用していることがわかった。しかも、これは熱帯雨林の樹木に限ったことではなく、日本の落葉樹で、年ごとに種子生産の豊凶が見られるブナやミズナラなどの樹種でも同様であった。つまり、多くの樹木にとって、樹体内に蓄積した炭水化物の量は、一斉開花への参加や種子生産の豊凶を決める要因にはなっていない可能性が高いことが明らかになった。

貧栄養な土壌が一斉開花のカギを握っていた

炭水化物が一斉開花への参加を制限する要因にならないのだとすれば、一体何が重要なのだろうか？　続いて私が注目したのは、樹木にとって必要不可欠な栄養素の一つであるリンである。

日本では土壌に含まれる窒素の量が樹木の成長を制限する要因になりやすいが、熱帯の土壌は日本の土壌より栄養分が少なく、特にリン不足が顕著であることが知られている。また、フタバガキ科の樹木を筆頭に、熱帯雨林の多くの樹種が菌根菌と共生関係にあり、樹木が炭水化物を菌根菌に提供する代わりに、菌根菌が土壌中のリンを吸収して樹木に提供してくれている。当然ながら、リンは一斉開花時の花や種子の生産にも必ず必要になる。リン不足の熱帯雨林において、菌根菌の助けを借りて吸収されるリンの樹体内への蓄積が、一斉開花の参加のカギを握っているのではないだろうか？

先に紹介したフタバガキ科の巨大高木種について、一斉開花期間中のリンの動きを調査したところ、やはり樹体内の貯蔵リンは開花や結実の時期に著しく減少していた。さらに、ある年の一斉開花に参加した個体としなかった個体では、樹体内に蓄積された貯蔵リンの量が同種でも顕著に異なっていた。つまり、調査したフタバガキ科の樹種は、菌根菌を介して土壌からリンを吸収し、ある程度十分な量のリンが樹体内に蓄積できた状況で、開花の引き金となるような低温や乾燥を経験したときに、一斉開花に参加しているようだ。

人為的開発や地球温暖化がもたらす一斉開花崩壊のシナリオ

ここで紹介したように、東南アジアの熱帯雨林で見られる数年に一度の一斉開花現象は、熱帯雨林に特有な栄養の少ない土壌や、気象条件の季節的な変化がない環境、菌根菌や送粉者たちと樹木との共生関係など、熱帯雨林に特徴的なさまざまな条件が複雑にからみ合って成り立っていることがわかってきた。しかし、一斉開花のメカニズムや進化的な要因を含め、その全容解明にはまだほど遠く、今後の研究の進展が待たれるところである。その一方で、急激に進む熱帯雨林の減少は、さまざまな生物の絶滅や個体数の減少、生息地の分断など、多くの問題を引き起こしている。また、地球規模で進む気候変動は、まれに起こることで熱帯雨林の樹木が共通に認識してきた乾燥や低温のタイミングを変化させ、これまで維持してきた一斉開花の繊細なバランスを崩してしまうかもしれない。究極の生物多様性を誇る熱帯雨林が今後も健全な状態で保全され、華やかな「森のお祭り」が後世に引き継がれていくことを願ってやまない。

▲ランビル山とランビル国立公園

■ランビル国立公園へのアクセス情報（難易度・中級）

私を含め多くの日本人研究者が調査・研究を行っているマレーシア、サラワク州のランビル国立公園は、マレーシアの首都クアラルンプールから空路で二時間程度のサラワク州ミリから、さらに車で約三〇分程度の所にある。標高四六五メートルのランビル山を中心とした約七〇〇〇ヘクタールの国立公園で、原生的な状態の熱帯雨林を身近に体感することができる。園内には宿泊施設も整備されている。研究施設や調査プロットへの立ち入りや利用にはサラワク州政府の許可が必要だが、国立公園内の見学や宿泊は特別な許可は必要ない。入園料の確認や宿泊予約等は、サラワク州の国立公園を管理するサラワク森林公社の公式サイトから行うことができる（https://www.sarawakforestry.com/）。

北島（きたじま） 薫（かおる）
京都大学農学研究科
専門は森林生態学

飯田（いいだ） 佳子（よしこ）
森林総合研究所
九州支所
専門は森林生態学

過酷な熱帯林の林床を生き抜く実生たち

世界の熱帯林には四万〜五万数千種の樹木種が存在し、そのうち約二万種はアジアの熱帯域にいると推定される。日本全体では約一一〇〇樹種が存在することを考えると、熱帯林の樹木多様性がいかに高いかが実感できる。特に多様性豊かな東南アジアのフタバガキ科が優占する森では、三〇〜四〇メートルの林冠層を超えて六〇メートルにも達する木があちこちに突き出し、複雑な三次元構造を持つ。一般的な建物一階分の高さが約三メートルとすると、二〇階建てのビルに相当する高さを持つ巨木が存在する。

このような巨木も、その一生はわずか数ミリから数センチメートルの小さな芽生え（実生（みしょう））に始まる。さまざまな障壁を乗り越え、巨木になれるのは親木が生産する種子のうちごく一部である。熱帯林には様々な樹木種が共存する。しかし、熱帯林の内部は植物の生育に適した環境ではなく、光が乏しく捕食者や病原菌に囲まれた過酷な環境である。特に、発芽直後の子葉から本葉を展開する段階では、多くの実生が死んでしまう。今回は何百年も生きる熱帯樹木の生活史のうち、一番初期の生活段階である実生の過酷な熱帯林の林床での生きざまを紹介したい。

▲熱帯雨林の暗い林床。熱帯の強い日差しのもとでも、林床はとても暗い。光合成をして生きる植物には厳しい環境だ（マレーシア，パソ森林保護区にて）。

赤字ぎりぎり！　暗い環境での生活

植物は光合成により炭水化物を生成することで生存と成長を続ける。よって、植物が生き続けるためには、光合成によるエネルギー収入と生存成長に必要なエネルギー支出というう、経済のバランスをとらないといけない。種子の中には親木から配分された初期投資ともいえる養分が詰まっているが、これを使い切ったあとは、光合成からのエネルギー収入で自活しないといけない。

ところが、実生たちが生育する熱帯雨林の林床、すなわち何層もの木々に覆われた地面近くは、林冠の一％以下の光しか届かないような、とても暗い環境がほとんどである。光の多い場所に移動することができない実生は、暗い場所では成長とエネルギー支出を抑えるなどによって、こうした赤字ぎりぎりの経済状態でもなんとか生きのび、光環境がよくなるのを何年も待つ必要がある。

このような実生の集まり（実生バンク）は世界中の森の林床で見られるが、温帯林と比べるとずっと暗い熱帯雨林の林床の実生たちは、エネルギー収支的にさらに過酷な環境を耐えないと生き残れない。発芽後二〇年以上もかけてやっと

▲暗い林床で発芽後20年間日陰に耐えてゆっくり成長してきた、マメ科植物 *Tachigali versicolor* の高さ30 cmほどの実生（南アメリカ大陸，パナマのバロコロラド島にて）。

▲一斉開花後の林床で観察された、羽根つきの大きな種子から発芽して1か月ほどの、フタバガキ科の樹木 *Dipterocarps kunsteri* の実生（マレーシア，パソ森林保護区にて）。

三〇センチメートル程度にまで、ゆっくりと成長しながら生き延びる実生も熱帯雨林ではまれではない。

実生の生存を脅かす天敵、捕食者や病原菌

熱帯雨林の林床をさらに過酷にするのは、多様な天敵の存在である。栄養分をたっぷり蓄えた種子は、動物にとっても昆虫にとっても、かれらの生活に欠かせないえさ資源である。種子での捕食を逃れ発芽して、実生まで成長できても、動物にかじられたり、茎が折れたり、病原菌から攻撃されたりといったダメージは、赤字ぎりぎりのところで生きている小さな実生にとっては致命的である。よって、光環境がよくなるのを長年待ち続ける実生は、天敵からの被害を避けるために丈夫な茎や葉をつくり、天敵にとって毒となる化学物質で防御をかける。しかし、熱帯の多様な動物や病原菌の中には、このような防御線を突破できるように進化した固有の天敵も存在する。

植物の方でも、捕食者に対抗する戦略を持つものがいる。フタバガキ科が優占する東南アジアの熱帯林では、何年かに一度だけ森中の木々が同調して開花結実するという現象が見られる。このときには、大量の種子が林床に降り注ぎ、種子

カーペットができる。こういった一斉開花、結実が起こらない年には、種子は全く実らなかったり、実ってもわずかだったりする。このように、樹木がしばらく種子をつくらずにいると、捕食者はえさ不足になる。すると、捕食者の個体数は減っていく。捕食者が少ない状態で、樹木がいっせいに大量の種子をつくると、どうなるか？　少なくなった捕食者ではすべての種子を食べきることはできないので、捕食から逃れて発芽まで生き延びる種子の数が増える。これが「捕食者飽和現象」である。これも、樹木にとって天敵から逃れ生活史の最初の段階である実生に進むための戦略の一つともいえる。

実生の生存成長戦略におけるトレードオフ

熱帯雨林の林床は、実生にとってとても厳しい環境である。実生は光合成器官や根が十分に発達するまでは、種子に貯蔵された栄養分とエネルギーに頼る。この親木由来の貯蔵資源に、実生がどのくらいの期間依存するかは、さまざまな要因に左右される。熱帯樹木の間には、種子サイズや実生の形態にさまざまな違いが見られる。こうした違いも、次世代の親木をつくる確率を最適化するような戦略を反映していると考えられる。

植物はさまざまな面で選択を迫られている。例えば、親木の持つ資源は限られているため、貯蔵物質が多くサイズの大きな種子を数多くつくることはできない。したがって、種子を数多く生産するためには、種子一個あたりの貯蔵物質の量を減らさざるを得ない。貯蔵物質が少ない種子から生じる実生は小さく、厳しい環境では生き残りにくいかもしれない。一方で、大きな種子は栄養分に富むため、捕食の影響を受けやすい。実生の段階では、光合成によるエネルギー収入を、光合成の生産性をさらに上げるために投資するのか、被

ツリータワーから見たパソ森林保護区の熱帯雨林。1970年代から多くの国々による共同研究が行われてきたパソ森林保護区には、樹冠部の調査のための高い塔（タワー）がある。

食防衛などの耐久性に投資するのかが重要な選択となる。生き残りやすいように耐久性を高くすると生産性を低くせざるを得ないが、耐久性を落として生産性を高くすると生き残りにくくなる。

このような、一方に投資すれば他方を犠牲にせざるを得ない」「あちらを立てればこちらが立たず」というような状況を「トレードオフ」と呼ぶ。実生の生存に強く影響を与える光や栄養塩などの資源供給量も、天敵の分布も、場所と時間で異なる。そのため、トレードオフのもとで最適解となる実生の戦略もさまざまであり、このことが多くの樹種が共存することにつながっていると考えられる。つまり、光合成によるエネルギー獲得や根からの栄養塩獲得能力が高く、成長も早く、同時にあらゆる天敵に対してもしっかり防御している、といった「最強の実生は存在しえない」のである。

■マレーシアの熱帯雨林を見に行こう！　アクセス情報（難易度・初級または中級）

【初級編】手軽に東南アジアの熱帯雨林を体験したい場合、クアラルンプールの北の郊外に位置するマレーシア森林研究所（ＦＲＩＭ（フリム）、Forest Research Institute Malaysia）をお勧めする。研究所の敷地内は大きな公園となっており、樹冠近くを間近に見られる高さにつくられた渡り廊下のようなキャノピーウォークや、樹木園などがある。樹木園には東南アジアの多くの樹木種が植えられている。クアラルンプール中心部からは車で三〇～四〇分ほど。最寄駅はＫＴＭコミュータのケポン駅で、そこから車で一〇分。詳しくは公式サイトを参照されたい（https://www.frim.gov.my/）。

【中級編】より本格的な熱帯雨林研究のメッカを訪れたい方にはＦＲＩＭが管理するパソ森林保護区も候補だろう。一般向けに開放されていない研究調査地のため、事前にＦＲＩＭに入林申請する必要がある。クアラルンプール国際空港からネグリスンビラン州の最寄りの町、シンパン・ペルタンまではタクシーまたはレンタカーで三時間弱。空港からスンビランまで電車で移動し、パソの最寄りの街のシンパン・ペルタンまで高速バスで移動する方法もあるが、マレー語が必須。宿泊は車で三〇分ほど離れたバハウにホテルがある。

東　若菜（あずま　わかな）
京都大学農学研究科
専門は
樹木生理生態学

石井　弘明（いしい　ひろあき）
神戸大学農学研究科
専門は
樹木生理生態学

樹高一〇〇メートルの世界から

植物の成長の基盤である光合成を行うには、太陽光と水が欠かせない。ところが、光は空から、水は地面から供給される。そのため、周囲の植物よりも多くの光を得ようとして上へ上へと成長するほど、根から葉までの水の輸送距離が長くなるというジレンマが生じる。どんなに強力なポンプを使っても、水を吸い上げられる限界は地上一〇メートルまで。それ以上の高さでは管の中が真空状態になり、水は沸騰してしまうのだ。しかし、高さ一〇メートルを超える植物や数十メートルにもなる樹木は世界中に存在している。巨樹がどのように根から葉への水分輸送の物理的限界を克服し、光合成に有利な先端の葉の生理機能を維持しているのかを調べることが、私たちの研究テーマだ。

世界一高い木の森

研究の現場は、米国カリフォルニア州北部のレッドウッド国立・州立公園である。プレイリー・クリーク・レッドウッド州立公園内に「アトラスの森」と呼ばれる巨樹の森がある。巨樹にはそれぞれ樹形やたたずまいに個性があり、研究者は樹木に識別番号と同時に、親しみと敬意を込めて名前をつけることがある。この森の木々には、アトラス、ポセイドン、ゼウスなど、古代ギリシャ神話の神々の名前がつけられているのだ。

二〇一一年一〇月、私たちはアトラスの森のはずれに立つ樹高一〇九メートルの「アウトライヤー（「はぐれ者」の意）」という名の木を目指していた。観光用の歩道からはずれ、木の高さはどうやって測るか？実は、メジャーを使って直接測っている。測定後に100メートルのメジャーを巻き上げるのもひと苦労だ。▶

ゆるやかな斜面を登る。巨樹レッドウッドの森では地表の植物までもが巨大である。背丈を超えるシダの葉が視界をさえぎり、迷子になりそうだ。背中には長さ二〇〇メートルのクライミングロープ（樹高の二倍のロープが必要なので）と安全ベルト、登はん用の金具など、二〇キロを超える荷物。ザックのベルトが両肩に食い込む。行く道をさえぎる倒木の直径は二メートル以上で、とても一人では越えられない。倒木の向こうへザックを手渡ししながら、まるで小人になったような気持ちで倒木の壁をよじ登り進む。

一〇〇メートルの木に登る

ようやく斜面の上方にそびえたつ巨樹が見えてきた。「No.1814」。レッドウッド研究の第一人者、カリフォルニア州立大学のシレット教授に教えてもらった番号を確認する。アウトライヤーだ。幹を一周して、ロープをつなぐためのひもを探す。シレット教授らは、研究対象の樹木にボウガンを使って釣り糸を打ち上げ、それをひもにかけかえて太い枝の上にロープを通す。調査中はこのひもが残されている。クライミングロープをひもに結んで、反対側を引っ張る。ゆっくりとロープが昇ってゆく。しかし、長さ二〇〇メートルともなると、ロープの重さと摩擦が合わさって、だんだん引くのが大変になってくる。二人がかりで全体重を使ってロープを引き上げる。巨人相手には体力と精神力も必要であることを痛感する。

やっとの思いでロープを引き上げ、片側を太い木の幹に固定する。もう片側に登はん用の金具をとりつけ、それを安全ベルトにつないで準備完了。葉を採取する際に使う高枝切りバサミと水の入ったペットボトルを携えて登り始める。最初はひたすら幹が続く。一番

◀ロープで体を引き上げるように巨木に登る。一番下の枝まで約30 m。

低い枝まで約三〇メートル。幹は太すぎて反対側が見えない。まるで樹皮の壁を登っているようだ。やっと一番低い枝にたどり着く。ここまで約三〇分。最初の葉を採取する。ここから梢まで、約一〇メートルおきに葉を採取して実験室に持ち帰り、光合成や生理機能、葉の組織構造などを調べる。

巨樹一本分の葉を採取するには数時間かかるため、小さくて軽いけど高カロリーでおいしいシリアルバー（日本ではもっぱらおにぎり）を持参して、食事も樹上ですませる。大きな枝に腰かけながら食べるお昼ごはんは、油断できない樹上作業でのつかの間のほっとするひととき。トイレもできるだけ地上で済ませてから登るようにするが、もしも樹上で行きたくなってしまったら……。筆者らはまだ経験がないが、その時は大急ぎで(ただし安全に)地上に降りるしかないだろう。

樹上環境を体感する

樹木の葉のついている部分を「樹冠(じゅかん)」という。レッドウッドの樹冠は深さ五〇メートル以上あるため、樹冠の下方は上の葉に太陽の光がさえぎられ、日陰になって涼しい。少ない光を効率よくとらえて光合成できるよう、葉はへん平(ぺい)な形をしている。枝は水平もしくは下向きに伸びている。樹冠のてっぺん、一〇九メートルに向かって登っていくほどに周囲は明るくなっていき、八〇メートルを超えたくらいからは急激に明るさが増す。風も強くなり、大気中の湿度も低い。地上の環境にたとえるなら、うっそうとした森の中から乾燥したサバンナへ飛び出していくような感覚だ。木登りをしていると、巨樹全体が高さにともなう大きな環境変異にさらされながら生き続けていることを、実感する。

樹冠最上部では、強すぎる直射日光を避けるため枝は垂直に伸び、葉は小さい。しかし、決して弱々しく干からびそうなのではなく、地上から一〇〇メートル以上の水分輸送の極限においても、青々とした葉をしげらせ、なお成長を続けている。この形にはさまざまなメリットがある。上方の葉だけでは使いきれない光が下方に木漏れ日(こもれび)として透過して、それを樹冠下部の葉が光合成に利用することで、木全体として無駄なく光エネルギーを使い切ることができる。また、葉の表面積が減ることで蒸発散による水分損失を抑えることができる。さらに、私たちはこの形態が霧や雨などの空中水分をとらえるのに適していることを発見した。

木の高さはどれくらい?

私たちがふだん目にする街路樹などは、五~一〇メートル程度で、ビルの三階程度。日本の自然林の樹木の樹高は、ブナなどの高木で一五~二五メートルくらい。熱帯雨林ではもっと高くなるが、それでも三〇~五〇メートルほどだ。

◀レッドウッドの葉は高さによって形が大きく変化する。先端の葉の付け根はお椀のようにくぼんでいて、水滴をとらえることができる。

仮説の誕生

サンフランシスコ湾がしばしば霧で覆われるように、レッドウッドが分布するカリフォルニア州北部では、沖合を流れる暖流の影響により海霧が発生する。二〇一〇年秋、この日も曇り空の中、レッドウッドの木に登り始めた。森は霧に覆われてほんの数センチ先も真っ白で見えないくらいである。樹冠下部の葉からは水滴がしたたり落ち、雨合羽も眼鏡も、すべてが水浸しになるほど空気が湿っている。葉を採取しながら最上部にたどり着いてみると、葉の付け根に無数の水滴がついていた。上向きの葉の付け根はお椀のようにくぼんでいて、そこに水滴がたまるのだ。雨が少ない夏場の朝、頻繁に発生する霧の水分を葉でキャッチして、貯めておくことができれば、根からの水輸送に頼らなくて済むのではないか？　樹上の環境を体感したことによって、新たな仮説が生まれた。

その後のカリフォルニア州立大学との共同研究から、レッドウッドの葉は霧や雨などの空中水分を吸収・利用していることが明らかになった。さらに、樹冠下部から最上部までのさまざまな高さの葉を解剖し、内部の組織構造を詳しくに調べていくと、レッドウッドの葉には水分を蓄える貯水タンクのような組織があり、樹冠上部の葉ほどこの組織が発達していた。高層マンションの屋上にある給水タンクが住人の生活を支えているように、葉の貯水組織は、地上一〇〇メートルという極限環境で、レッドウッドの葉の生理機能を支えていたのだ。

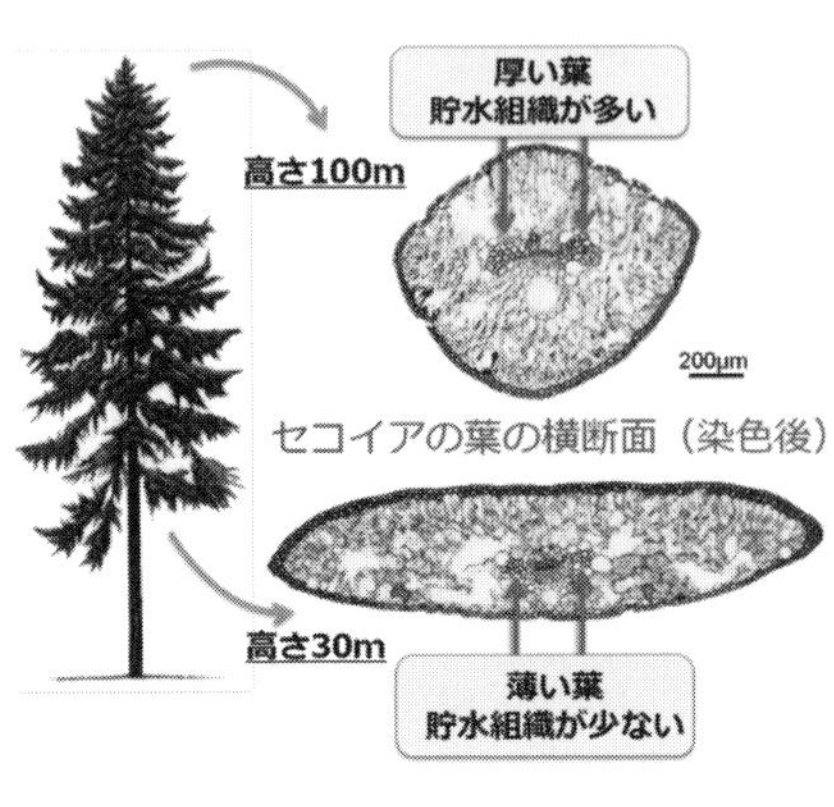

◀レッドウッドの葉の断面。矢印の先端部が貯水組織。水などが通る維管束の左右に見られる。

ジレンマを克服する

世界一高い木レッドウッドは、光は空から、水は地面から、という植物にとって最大のジレンマを見事に克服していた。もちろん、樹高一〇〇メートルのレッドウッドでも根からの水輸送を行っていないわけではない。樹木の通水組織は小さな芽生えの時から水で満たされており、樹体内の水は根から葉まで途切れることなくつながっている。蒸散によって葉から水が失われると、通水組織内の水には液体（純安定状態）のまま張力が働き、水分子間の水素結合によって根から葉まで引き上げられる。さらに、引き上げる水には高さが増すごとに重力による静水圧が加わり、水を一メートル引き上げるごとに約〇・一気圧ずつ減圧しなければならない。よって樹高百メートルを超えるレッドウッドの場合、葉と根の圧力差は十気圧以上になる。通常、減圧すると水は常温でも沸騰するが、通水組織内には空気がないため、水は沸騰しない。しかし、土壌が乾いたり、葉の水が急速に失われたりすると、一部の通水組織内の水の流れが途切れてしまうことがある。高木では、通水組織の排水は日常的に起きているが、これらは再び水で満たされて機能するようになる。しかし、乾燥状態が長く続くと木全体のあちこちで排水が起こり、根から葉への水輸送が止まってしまう。樹木はどのようにして失われた通水機能を回復するのだろう？　巨樹の機能は、まだまだ謎に包まれている。

アトラスの森は道路から比較的近いこともあり、霧が晴れだす正午を過ぎ

▲朝霧の中、レッドウッドの森を樹上から望む。

てから樹冠最上部から眼下を望むと、道路を走る車や歩く人、放牧されている家畜がよく見渡せる。その様子は、ヒトが地球に這いつくばって巣食うアリのようにも見え、地上一〇〇メートルまでもの空間を埋め尽くす樹木の三次元構造の世界が、いかに偉大であるかを痛感させられる。その一方で、そのような小さなヒトが、文明を発展させて地球全体に生息域を拡大し、人口を増やし続けていることが、いかにすごいことであるかとも考えさせられる。ヒトは大量のエネルギーを消費しながら、高層ビルを建設し、三次元空間を利用することを可能とした。樹木は高さによる極限環境を克服しながら三次元空間を利用することで、大量のエネルギー生産を維持している。巨樹の生理生態学的研究を通じて、巨樹の生きざまをひとつひとつ知っていくことが、私たちヒトが学べることや考えるきっかけになることを願う。

■レッドウッドの森へのアクセス情報（難易度・初級）

レッドウッド国立・州立公園はアメリカ西海岸のカリフォルニア州北部にある。サンフランシスコ空港から国内線に乗り換えて、アーケータまたはクレセントシティ空港まで。ここから，レッドウッド国立公園、ジェデディア・スミス・レッドウッド州立公園、プレイリー・クリーク・レッドウッド州立公園、フンボルト・レッドウッド州立公園の各公園まで、車で一〜二時間。「アトラスの森」はプレイリー・クリーク・レッドウッド州立公園の入り口に近い、カル・バレル・ロード沿いにある。

末次 健司（すえつぐ けんじ）
神戸大学理学部
専門はナチュラルヒストリー

暗闇でひっそり生きる、光合成をやめた不思議な植物

「『植物』の特徴を挙げてください」と聞かれた時、皆さんはどのように答えるでしょうか。多くの人が、光合成を行うことを挙げるのではないでしょうか。しかしながら、植物の中には、光合成をやめて、菌類を消化し養分として利用している植物が存在します。なぜこういった植物が生まれたかというと、植物の利用できる光の量が関係していると考えられています。森の地面近く（林床）は、上部が鬱蒼と茂っているために暗く、光のおよそ一パーセントしか地表まで到達しません。多くの植物は、暗い林床でもわずかに届く光によって光合成を行い、限られた量の光合成産物をやりくりしています。しかし、一部の植物は光合成を行わず、代わりに菌類のネットワークから養分を略奪するという戦略を選びました。これが、キノコやカビの仲間から養分を略奪して生きる「菌従属栄養植物」と呼ばれる、光合成をやめた植物です。

大きくはなれない

光合成をやめた植物の生活は、一見すると楽そうに思えるかもしれません。しかし、これらの植物が珍しい存在であることからも推測される通り、その生活様式はこれらの植物にいくつもの困難を強いているようです。通常、植物は菌類に対し、光合成による生産物を分け与える見返りに、菌類から窒素やリンを受け取っています。菌根共生と呼ばれるこの関係には、お互いが良いパートナーかどうかを見分ける仕組みが存在しています。つま

◀光合成をしない植物、ホンゴウソウ。横に写っているのは、つまようじの頭。茎はまるで糸のように細い。

トカラヤツシロランの花粉を背負ったショウジョウバエ。▶

り、相手に利益を与えずに、生涯にわたり菌類に寄生するためには、植物側が菌類側の「審査」をあざむく必要があると考えられます。また、たとえ植物がうまく菌類に寄生する能力を獲得できたとしても、菌類から奪うことのできる養分の量は限られているようです。そのため、菌従属栄養植物の多くはきわめて小型です。

花粉媒介も虫をだまして

菌類に依存することで植物が直面する困難は、栄養調達の面にとどまりません。菌従属栄養植物が寄生する菌類の多くは薄暗い林床に生息しているため、菌従属栄養植物も暗い環境に生息せざるを得ません。しかしながら、このような環境には、ハチやチョウといった一般に花粉を運んでくれるような昆虫がほとんどいないため、これらの昆虫に花粉の媒介を頼ることができません。そのような場所で菌従属栄養植物がどのように受粉を達成しているのかを調査したところ、やはり受粉様式に変化が起きていることがわかりました。

例えば、トカラヤツシロランをはじめとするヤツシロランの仲間のうちのいくつかの種は、暗い林床に生息するショウジョウバエを花粉の運び手としていました。しかし、ショウジョウバエは通常、キノコや腐った果実には訪れますが、花に訪れることはほとんどありません。ではトカラヤツシロランは、どのようにしてショウジョウバエを誘引している

クロシマヤツシロランの咲かない花。花びらどうしがくっついていて開きさえしないが、1か月ほどするとりっぱな実をつける。▶

のでしょうか。実は、トカラヤツシロランは花から臭い匂いを放出しており、ショウジョウバエはその匂いを幼虫のえさとなるキノコの匂いと間違えて、産卵するためにトカラヤツシロランの花を訪れているのです。当然、トカラヤツシロランの花には蜜などの幼虫の餌となるものは何もなく、孵化（ふか）した幼虫は死んでしまいます。

つまりトカラヤツシロランは、キノコに擬態（ぎたい）することでショウジョウバエをだまして、幼虫のえさという報酬を与えることなく花粉を運んでもらっているのです。これらの植物は、キノコから栄養を取るだけでなく、花粉を運ぶのにもキノコの特性を利用していることになります。

花も開かずに生きる

また、ヤツシロランの仲間には、さらに極端な戦略を選んだものも存在します。クロシマヤツシロランは、つぼみのまま自家受粉し全く花を咲かせません。こうした「咲かない花」は閉鎖花（へいさか）と呼ばれ、確実に種子を残す「繁殖保証」など、環境適応の面でさまざまな意義があると考えられています。実際、開放花と閉鎖花を併せ持つ植物は六〇〇種近く知られており、これは植物の重要な繁殖戦略の一つであると見られています。

しかしながら、クロシマヤツシロランのように、開放花を全くつけずに閉鎖花による完全閉花（へいか）受粉のみを行う植物は、非常にまれな存在です。

▲光合成をやめた植物を育む暗い林床（撮影 山下大明）

クロシマヤツシロランは暗い林床でも確実に繁殖できるよう昆虫のサポートなしに受粉できる自家受粉を採用し、さらには、必要をなくした花を咲かせることも完全にやめてしまったと考えられます。つまり、一見すると無関係なことのように思えますが、光合成をやめるという進化は、植物とその花粉を運んでくれる昆虫など他の生物との共生関係までも変化させる劇的な変革なのです。

遅かれ早かれ行き詰まる?

そもそも、菌従属栄養植物とその寄生相手である菌類のような敵対的な相互作用の関係においては、相手に対抗するため絶えず変化に適応し続けなければなりません。その適応の速度を早めるのに重要な性質が、遺伝子の組み換えを可能にする有性生殖ですが、同一個体どうしで受粉する自家受粉の場合、別の個体と受粉する他家受粉ほど遺伝子の組み合わせに多様性が生まれないため、適応の速度が劣ります。ですので、他殖（他家受粉による生殖）の機会を失ったクロシマヤツシロランのような菌従属栄養植物は、変化にボルネオ島のランビルヒルズ国立公園で光合成をやめた植物を探す私（ちなみにこの写真は、光合成をやめた植物の新種を発見した瞬間！）▶

適応し切れず、遅かれ早かれ菌類をだますことができなくなるかもしれません。そうであるならば、菌類から養分をかすめ取る彼らは、一見すると賢いように見えるものの、袋小路に迷い込み、長い進化の過程では消えゆく運命にある植物ととらえることができるかもしれません。光合成をやめて「ニート」になるのも楽ではないのです。

■光合成をやめた植物はどこにいる？　アクセス情報

光合成をやめた植物は、さまざまな場所に生息しています。そのため、日本であれば、北は北海道から南は沖縄まで訪れますし、時には海外にも出かけます。

広くさまざまな場所で見られるものの、光合成をやめた植物の研究は困難を極めます。光合成をやめた植物は葉を展開する必要がないので、開花、結実期以外は地上に姿を現しません。中には、地上に姿を現す期間が一年のうち二週間程度といったものまで存在します。また、本文でも述べたとおり彼らは小型であり、地上に現れていたとしても発見困難です。そのため私は、上の写真のように、地に這（は）いつくばりながら、山中で何日も過ごすといったこともしばしばです。とはいえ、光合成をやめた植物でも、ギンリョウソウなどの一部のものは、一般的な里山でもごく普通に見ることができます。ぜひ探してみてください。

▲テングザルは葉を主食とするサルだ。消化の難しい葉に多く含まれる繊維を効率よく分解する秘密は、大きな太鼓腹の中の４つにくびれた胃にかくされている。

ウシのような胃をもち、ヒトのような社会でくらすサル

松田(まつだ) 一希(いっき)
中部大学創発学術院, 京都大学野生動物研究センター, (公財)日本モンキーセンター
専門は霊長類学

熱帯は生物の楽園

熱帯の森を歩いたことがない人にとっては、暑くてジメジメして、蚊、ダニ、ヒルの猛攻撃に加えて、猛獣がうろつくまさに「極限の地」を想像するかもしれない。都会の生活に慣れた人間にとっては、確かに辛い環境だ。四季に恵まれた温帯のほうが、よほど住みやすいと思うかもしれない。しかし熱帯林は、世界中の生物の実に五〇～八〇%が生息する、生物多様性のホットスポットである。食物が枯渇(こかつ)し、凍死の危険におびえる冬はない。一年中、森のどこかで植物は果物を実らせ、そして若葉が芽吹く。熱帯林は、人間以外の生物にとってはまさに楽園なのだ。

動植物の息づく多様な森に魅了され、ぼくは毎年のように熱帯林に通っている。ぼくは東南アジア、アマゾン、アフリカの熱帯林で霊長類を研究、観察してきた。中でも東南アジアのボルネオ島の森には、一三年間も通い続けている。ボルネオ島の固有種であるテングザルという、奇妙な長い鼻を持つサルの観察に夢中なのだ。ボルネオ島の沿岸部、川沿いの森にだけ生息するという不思議な特性を持っているサルだ。熱帯の水辺は、マングローブ林、泥炭湿地林、川辺林などと

呼ばれる植生帯が広がり、動物の観察にはあまり適さない。なぜなら、地面のぬかるみがひどくて身動きが自由にとれないことが多いからだ。また、水辺には蚊（か）やヒルなどの吸血性の虫も多い。このような人間にとっての劣悪な環境に阻まれ、テングザルに関する基礎的な生態データは乏しい時代が長くつづいた。

反すうするサル

泥だらけになりながら、毎日のようにぬかるんだ森でテングザルを追いかけた。研究を開始した最初の一年半は必死だった。テングザルのすむ森からボートで五分ほどの村に住み込んでの調査だった。その時に必死に集めた三〇〇〇時間以上にのぼるテングザルの基礎的な行動・生態データが、一〇年以上たった今でも、ぼくのさまざまな研究テーマの根幹をなしている。

テングザル研究の中で最も盛り上がったのは、「反すう行動」の発見だ。反すうといえば、ウシなどの偶蹄類（ぐうているい）が有名だ。食べた草を、口の中で吐き戻したり飲み込んだりを繰り返し、その間に何度も咀嚼（そしゃく）することで草を細かくすりつぶして消化を促進する行動だ。そんなウシのような行動が、テングザルで見つかった。霊長類初となる反すう行動の発見は、ちょっとしたニュースにもなった。

霊長類の中でもテングザルが属するコロブス類のサルたちは、四つにくびれた胃（「複胃」という）を持っている。葉っぱを主食とするコロブス類のサルたちは、複胃の中に多様な微生物を共生させることで、その微生物を使って葉

マレーシア・サバ州の調査地を流れるキナバタンガン川。ボルネオ島の中でも生物多様性の高い場所として有名だ。▶

に含まれるセルロースを分解し、活動エネルギーを得ている。このような胃の特殊化は、ウシなどの偶蹄類で一般的にみられるものだ。しかし、胃が複数にくびれているからといって、必ずしも反すうするわけではない。例えば、カバやナマケモノも複胃を持っているが反すうしない。テングザルを含むコロブス類も同じように、複胃をもつが反すうしない動物群だと長らく考えられてきた。定説をくつがえすのは難しい。ぼくの先輩、後輩、指導教員の先生の力も借りて、テングザルで観察された反すう行動の発見を、さまざまな学術雑誌に売り込んだ。門前払いされてなかなか認めてもらえなかったが、反すうするテングザルの動画を一緒に添付することで活路を見出した。五年越しで認められた新発見だった。

ぼくたちが見つけた新発見、テングザルの反すう行動は、実は五〇年以上も前にヨーロッパの動物園関係者が残したドイツ語の文献に記されていた。しかし、それはテングザルの飼育において、さまざまな努力をしたがある特定のテングザル個体の反すうを改善できないという記録だった。つまり、動物園関係者は、テングザルの反すう行動を見たにもかかわらず異常行動だと思い、それを改善しようと努力した。その苦悩が書かれていたのだ。たしかに、ケージで暮らす大型類人猿のチンパンジー、ゴリラ、オランウータンなどで吐き戻し行動が観察されることが多く、これは野生とは異なる環境に暮らすことによる、異常な行動だといわれている。つまり、飼育テングザルの反すうが異常行動だと思われたのは、常識的な判断だともいえる。しかしぼくはこの一件で、動物研究における新発見は、実は身近なところにあり、その貴重さに気付くことのできる力が大切だということを学んだ。その気付ける力、直感は、やはり熱帯の森で何千時間もテングザルと過ごし、彼らの行動を記録してきたからこそ養われた力なのだと感じた。

テングザルのオスは体重が二〇キログラムを超えるものも珍しくはない。大きく長い鼻はオスだけの特徴だ。メスはオスの体重の半分ほどの大きさで、魔女のようにとがった小さな鼻をもつ。▶

不思議な社会

霊長類は社会性の高い動物だ。霊長類研究の醍醐味の一つは、かれらの社会がどのように進化を遂げたのかを考察し、そこからぼくたちヒトの社会の成り立ちを考えることができることだ。社会の形までは化石に残らないので、現存する霊長類の社会をモデルとして考えることになる。それならば、ヒトに近縁の霊長類の社会をモデルに考えるのが近道だと思うだろう。それは、チンパンジーやゴリラの社会であり、ヒトの系統からかけ離れたテングザルの社会を研究しても、何もわからないし面白くもない、遠回りの研究だと思うかもしれない。ところが、テングザルの社会はすごいのだ。実はかれらは、チンパンジーやゴリラにさえない、しかしヒトの社会の進化モデルを考案するための基盤になりうるような社会を形成するのだ。

テングザルは、複数のハレム型の群（一頭のオスと複数のメス）とオスだけで構成される群れがいくつも集まり行動をともにすることで、さらに高次の「バンド」と呼ばれる複雑な重層社会を形成する。もっと簡単にいえば、異なる群れ（グループ）どうしが、けんかもしないで一緒に行動して、群れを超えた大きなコミュニティを形成しているということだ。多くの霊長類は、異なる群れどうしが出会えば争いが生じる。時には殺し合いになることさえもある。つまり、他の群れは排除する単層社会が、多くの霊長類の社会なのだ。

ヒトの社会はどうだろうか。家族という群れが、学校、地域、国などというさまざまなコミュニティを形成して、何層にも重なる複雑な社会を形成する。テングザルの社会にはそこまでの複雑さはないが、ヒト社会がどのようにして重層化したのかを考える重要なモデルの一つになり得る。

大きく複雑な集団を形成する社会の重層化を促すのは、必ずしも高い知能／認知能力だけではない。そういった能力がはるかに高い、チンパンジーなどの大型類人猿であっても、社会は単層なのだ。何かしらの最適な圧力がかかり、テングザルのようなヒトから遠い系統で重層社会が生まれ，発展したと考えられる。何か特殊な生態環境との相互作用で生じたのかもしれない。食べ物が特に豊富に実る時期や、天敵であるネコ科の動物に襲われにくいような場所で、たくさんの群れが集まりやすいことなどがわかってきた。社会の重層化と環境要因は密接にかかわっているだろう。しかし、それだけではないはずだ。それが何かを探るべく、ぼくは今でもテングザルの社会を研究している。

これから……

テングザルのおかげで、ぼくの研究生活は日々楽しい。調べれば調べるほど、他のサルとは違う面白い特徴が見えてくるのだ。反すうする胃の中の微生物の研究は、今力を入れている研究の一つだ。そして何より興味を持っているのは、テングザルの鼻の秘密を解く研究だ。奇妙で大きな鼻の謎解きだ。一つの突破口は、どうやら鳴き声と関係しているという発見だ。だがまだまだ腑に落ちないことが多い。たった一種の動物の研究がそんなに面白いのかと問われることがある。でも、たった一種のサルの研究は、ぼくに世界中のさまざまな分野の研究者との出会いをくれた。テングザルがぼくを研究者として鍛えてくれる。熱帯林は、新たな発見や未知の現象に満ちあふれている。熱帯林は、研究者にとっても楽園なのだ。

■テングザルを観察したい人のためのアクセス情報（難易度・初級）

ボルネオ島は、マレーシア、インドネシア、ブルネイという三つの国に分かれている。最も簡単な経路は、東京からマレーシア領のサバ州・コタキナバルへの直行便を利用することだ。六時間ほどでボルネオ島に到着できる。そこからテングザルを観察できるキナバタンガン下流域には、車で七時間ほどだ。

舗装された道路で、標高四〇九五メートルのキナバル山のふもとを峠越えする。途中、熱帯特有の果物ドリアンやマンゴスチンなどを買いながらのドライブは、想像以上に楽しいものだ。キナバタンガン下流域には、観光客用のロッジなどが多数あり、予約をしておけばボートクルーズでテングザルやオランウータンを観察できる。

コタキナバルから空路でサンダカン空港まで行き、そこから車で二時間程度というルートもある。

いずれにしても、観光業が盛んになり、野生動物を観察するためのエコツアーが多数提案されており、テングザルをボートから眺めるのは容易だ。ただし、森に入っての観察には忍耐が必要であることを忘れてはならない。

村上(むらかみ) 貴弘(たかひろ)
九州大学持続可能な社会のための決断科学センター
専門は行動生態学

農業をするアリ、ハキリアリの小宇宙

アリが農業をする？　そういわれても読者は信じないかもしれない。しかし、これは本当の話である。しかも、人間の農業に比べてもさらに複雑で巧妙なことが行われている、といったらさらに信じるヒトは少なくなるだろう。「ハキリアリ」という熱帯にすむアリたちが進化させてきた小宇宙とも呼べるほど複雑な生きものとの相互関係を一読し、驚いてほしい。

アリの巣掘りは辛いけどおもしろい！

二〇一二年一一月二四日パナマ共和国ガンボア市パイプラインロード、午前一〇時。ハキリアリの巣を掘り始めてからかれこれ三時間が経過している。雨期の終わりのパナマは、気温こそ三二℃程度だが湿度は一〇〇％。野帳にメモを取ろうとしても湿気で紙が柔らかくなっていて、鉛筆では文字が書けない。

ハキリアリとは、その名の通り葉を切るアリである。森から葉を切り出し、数百メートルにわたって緑の川をつくり、巣へと運んでいる。アマゾンを中心とした新熱帯域に生息するアリで、ハキリアリ属二属を含む一六属二五〇種が菌類を育てるまさに「農業をする」アリとして知られている。

日中休むことなく巣に運び込まれた葉は、地下数メートル

◀ハキリアリの巣内。まだできたばかりの巣で、働きアリが少なく、女王アリが菌園をつくり、維持している。白っぽい部分に菌園の菌糸が生えている。

の深さまで達する巨大な地下帝国で小さく切り刻まれ、共生菌を植え付け、キノコ畑（菌園）の土台となる。菌園の直径は平均で一五センチメートル程度、最も大きいもので一〇〇センチメートルに達するものも観察される。菌園が維持されている部屋は一〇〇〇室にも達する。

そのハキリアリの巣を全面的に掘り起こすのは二〇〇一年二月二六と二八日にテキサス州オースティンの牧場で掘って以来、一一年ぶり。ぼくのハキリアリ研究人生の中でも七回目という貴重な機会だ。ＮＨＫテレビ「ダーウィンが来た！」の取材班と一緒に、スミソニアン熱帯研究所とパナマ環境省の許可を得てハキリアリの巣を五コロニーほど調査・撮影する。

二四日は掘り始めてから三日目。掘るのはぼくとディレクターのＹ氏のみ。テキサスでは一〇人がかりで二日間、直径約六メートル、深さ約二メートルの巨大な穴を掘りながらハキリアリの巣を観察していったのだが、たった二人だと休憩なしで掘り続けなくてはならないし、テキサスの赤土と違って熱帯雨林の赤土は粘りけがあり重く、掘るのは相当な重労働だ。

噴き出る汗。パニック映画さながらに襲いかかってくるハキリアリのワーカー（働きアリ）たち。撮影を担当していただいた昆虫写真家の山口進氏が哀れみを込めて「大変な作業ですね……。」とつぶやいた。

しかし、これがぼくにはめっぽうおもしろいのだ。掘れば掘るほど、ハキリアリの菌園が収納されている小部屋が出てくる。その小部屋にはさまざまな未知のものが詰まっている。ハキリアリと他の生物たちが織りなす六〇〇〇万年の歴史が凝縮した小部屋なのだ。

2012年11月にパナマ共和国パイプラインロードのハキリアリの巣の中から発見したネコメヘビの卵。なんとハキリアリの菌園に卵を産みつけるのだ。▶

興奮しながらさらに数時間掘ると、小部屋の数は一五〇個を超えた。

その時、突然菌園の中から白い楕円形のものが四つ見つかった。上の写真を見ていただきたい。どう見ても、は虫類の卵だ。何故こんなところには虫類の卵があるのだろうか？

調べてみると、この卵はネコメヘビがわざわざ菌園の中に産んだことがわかった。気温二六～二七℃、湿度七〇～九〇％で安定、巣内部は屈強なメジャーワーカー（体長が一五ミリメートル程度）に守られ安全、巣内の衛生状態はメディアワーカー（体長が三～四ミリメートル）・マイナーワーカー（体長が二・五ミリメートル程度）の執拗な掃除と抗菌行動で完ぺき。これだけの条件がそろっていれば、利用しない手はないということだ。そのため、いわゆる好蟻性昆虫と呼ばれるアリを利用する昆虫群だけではなく、カエル（両生類）やトカゲ・ヘビ（は虫類）までもこの環境を利用する。

さまざまな発見に満ちた調査・撮影が終わったとき、たった二人で最終的に粘土質の赤土を直径約四メートル、深さ約一・五メートルも掘っていた。

アリは農業をするのか？

人間以外の生物で「農業」を営む生物がいることに驚く人がいるかもしれないが、これは全くの事実である。それどころか人間の農業の歴史（約一万年前）をはるかに上回るほど長い時間（約六〇〇〇万年前）、地球上の環境に適応させながら農業という驚異の技法を進化・維持させている。

菌園で栽培される菌類は、キノコの仲間のキツネノカラカサ属もしくはシロカラカサタケ属に属し、菌食アリと強い共生関係を結ぶうちに繁殖もアリたちに委ねるようになった。つまり、キノコなのにキノコの傘（かさ）をつくらず、胞子も飛ばさないよう進化してしまったのだ。この菌類たちは地球上で菌食アリの菌園の中からしか見つかっておらず、ハキリアリを含む菌を栽培するアリ（キノコアリ）の女王アリは結婚飛行の際にまるで花嫁道具を持っていくかのように、口の中に菌園の一部を入れて飛び立ち、新しい巣にそれを移植する。

一つの巣は、草原に巣を作る種で直径一〇メートル以上、深さ五メートル以上にもなる。このような巨大な空間に一〇〇〇を超える菌園をつくり、数百万個体ものワーカーが二四時間働き続ける。それがハキリアリである。この巣の最奥部には巨大な女王アリが一個体のみ鎮座しているが、成熟コロニーの中から女王アリを見つけ出すことは至難の業である。女王アリの寿命は一〇～一五年といわれ、最長で二〇年という報告もある。結婚飛行で五～一〇個体の雄と交尾をして貯蔵した約五〇〇〇万～三億の精子を二〇年間小出しにしながら、約一～二億個の卵を産む。

ハキリアリとヒトとの関係

ハキリアリは、古くから人間とのかかわりの深い生物である。アステカ文明の神話をまとめた「Los Viejos Abuelos」をひもといてみると興味深い記述が出てくる。時代を五〇〇〇年前に遡ってみよう。

――アステカ文明の第五の太陽神の時代、農業の神であったケツァルコアトルは、太陽神からの命を受けて地上の人間たちに安定した食料生産のための方策を練っていた。ある日、ケツァルコアトルは、一匹の赤いアリが何かの種子を運んでいることを発見した。「そ

アリの社会性

アリの巣内には、女王、ワーカー（働きアリ）、ソルジャー（兵隊アリ）のように、別々の役割をもつグループ（カストとよぶ）が生活している。ワーカーやソルジャーのように卵を産まず、ほかの個体（母親や兄弟姉妹）を手助けするカストがある場合、その昆虫は「社会性昆虫」とよばれる。社会の構造は種によって異なり、ハキリアリのようにワーカーの体の大きさに大・中・小があり、仕事の種類も異なる複雑な社会をもつ種もいる。ミツバチやシロアリなども社会性昆虫だ。

の種子はどこから持ってきたのか?」と赤いアリに尋ねたが、アリは答えてくれなかった。だが、農業神はあきらめずに何度も尋ねたため、ついにアリが真実を語り始めた。その種子が「生命の山」にあることを。農業神ケツァルコアトルは黒いアリに変身し、アリの行軍をたどり、ついに「生命の山」にたどり着き、秘密の種子を発見した。その種子こそ、中南米の文明を支え、全世界の食料のベースとなっているトウモロコシだったのだ——。

人間は、五〇〇〇年前からアリの行動を詳細に観察し、その特徴から生活に役立つ知恵を学んできたのである。

一方で、ハキリアリは大害虫でもある。ブラジルでは国家予算の一〇%がハキリアリ対策に費やされている。二〇〇三年の報告では年間一万二〇〇〇トンもの殺虫剤がブラジル全土に散布され、農薬の購入費用だけで四〇〇億円以上に達している。また、ハキリアリの巨大な巣にトラクターが引っかかって横転し、運転手が死亡したり、家の下に巣をつくられて家が傾いたりするなど、たかがアリなどと軽視できないほどの深刻な影響を与えている。

発見！　菌園を寄生菌から守る特殊な行動

二〇〇一年六月某日。パナマから採集してきたさまざまなキノコアリたちを一日中行動観察していたときに、じつに奇妙な行動を見つけた。そのワーカーは、胸の横(後胸側板(こうきょうそくばん))にある分泌腺(ぶんぴつせん)の周辺に真ん中の脚で何回もこすりつけ行動(グルーミング)しては全身に何かを塗りつけていたのだ。こんな行動は延べ五〇〇時間を菌食アリの観察に費やしていたぼくでも初めてであった。

震え声で共同研究者のキャメロン（キャメロン・カリー博士、現ウィスコシン大学教授）に「変な行動、見つけた！」と知らせる。しばらく観察すると、再び同じワーカーが同じ行動をした。「これはスペシャル・グルーミングだ！」、と二人で興奮しながら仮の名前をつけた。さっそく実験計画を立てた。キノコアリの菌園だけに寄生するエスコヴォプシスという菌類が存在するのだが、これを菌園に振りかけたらいったいどういう反応をするかという単純だが効果的な実験だ。

結果は明確だった。エスコヴォプシスを振りかけたとたん、ワーカーたちはせかせかとスペシャル・グルーミングしはじめたのだ。やはり分泌腺から出る何らかの化学物質を使って抗菌作用を発揮させようとしているに違いない。いくつかのキノコアリで同様の実験を行い、どの種でも同じようなグルーミング行動が観察できた。

その後、この行動は別の研究グループが詳細に研究し、この行動が効果的に寄生菌やその他の微生物から菌園を守ることが証明されている。

さらにもうひとつ、テキサスでの研究生活でおもしろい現象を見つけた。観察していたすべてのキノコアリの巣入り口付近に、必ず白いペレット（小さな塊）状のものが吐き出されていたのだ。これを詳細に解析したところ、中から抗生物質を産出する放線菌という微生物を単離することができた。この抗生物質は菌園に侵入してくるさまざまな菌類に対する防御効果があるだけではなく、アリ本体の健康状態も維持してくれる優れた物質であった。

◀ハキリアリ小宇宙。ハキリアリの巣の中は、さまざまな生きものとの複雑な関係に満ちている。ここで説明した共生菌、共生ゴキブリ、化学物質、卵を産みつける寄生バエとそれを追うヒッチハイカー、菌園を食い物にする寄生菌とそれをやっつける抗生物質を出すバクテリアなどなど、まさに「小宇宙」とよべるほど複雑な生物曼荼羅（まんだら）が展開されている。

ハキリアリの小宇宙と社会進化

キノコアリ族一六属約二五〇種は、さまざまな社会形態をもつ。単純な社会を持つグループでは、コロニーサイズが三〇個体前後、朽ち木や石の下などの小さい空間に小さな菌園をつくり、ワーカーの形に差はなく女王アリも比較的小さい。いっぽうで、ハキリアリのように数百万個体ものワーカーがいて、複雑な社会を進化させているグループもいる。ハキリアリたちはその巨大な集団を維持するために、多様な労働を行っている。それは、巣を守り、子育てをし、熱帯雨林の九〇％近い植物を刈り集め菌園を育て、多数の好蟻性生物を受け入れ、他の微生物との壮絶な軍拡競争を勝ち抜かねばならなかった。それは、さながら「小宇宙」のようである。

ではハキリアリが小宇宙とぼくが呼ぶほどの高度で巨大な社会を進化させた要因は何だったのだろうか？　その謎（なぞ）を解くために、ぼくは二種類の遺伝子を使って、ハキリアリを含むキノコアリの血縁度（血縁の近さ）を測定した。その結果、どちらの解析でも単純な社会を持つグループでは血縁度が〇・七五と高かった。つまり、巣の中の仲間たちはみんな同じ母親から産まれ、父親も一個体だけだと推定できたのだ。それに対し、ハキリアリを含む高度な社会を持つグループは〇・四以下と低い値となった。母親は巣の中に一個体しかいないことがわかっているので、母親が多くの父親と交尾していることを示唆している。このようにしてハキリアリの巣の仲間は多様な遺伝的特徴（遺伝的多様性）を得ることができたのだ。つまり、ハキリアリの高度で複雑な社会は、多産の母親と多くの父親からもたらされる遺伝的多様性によるといえる。

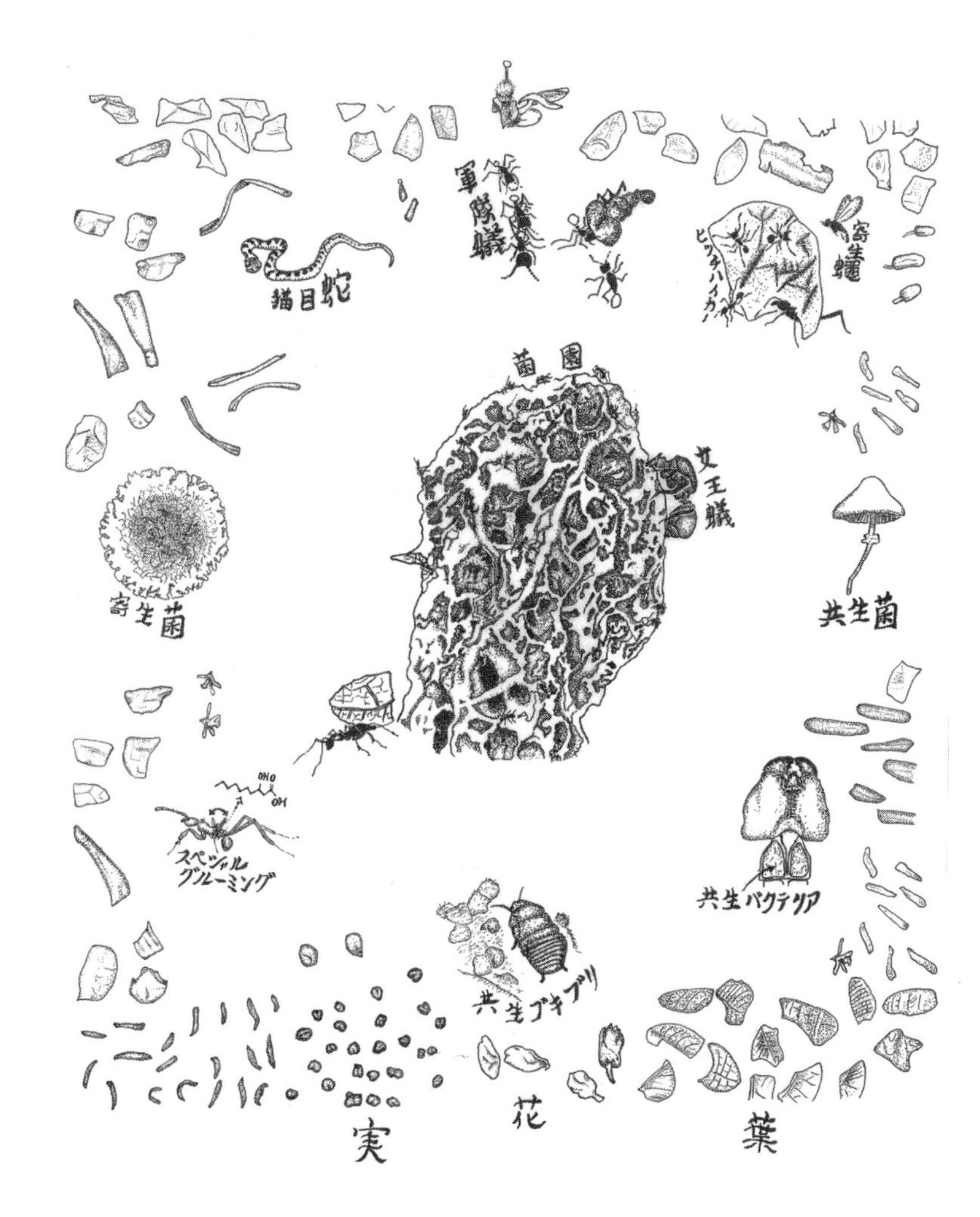

ハキリアリの女王アリは、図に示したように地球上のアリの中で一番大きな体をしている。それはつまり、多くのオスアリの精子を受け入れる物理的スペースがあるということだ。女王アリが巨大化するには、巣を大きくし、えさ資源を大量に確保する必要がある。それを可能にしたのが、高タンパク、高エネルギー食材である菌を栽培することであり、巨大な巣をつくることのできる熱帯雨林の存在なのである。ハキリアリは、テレビで

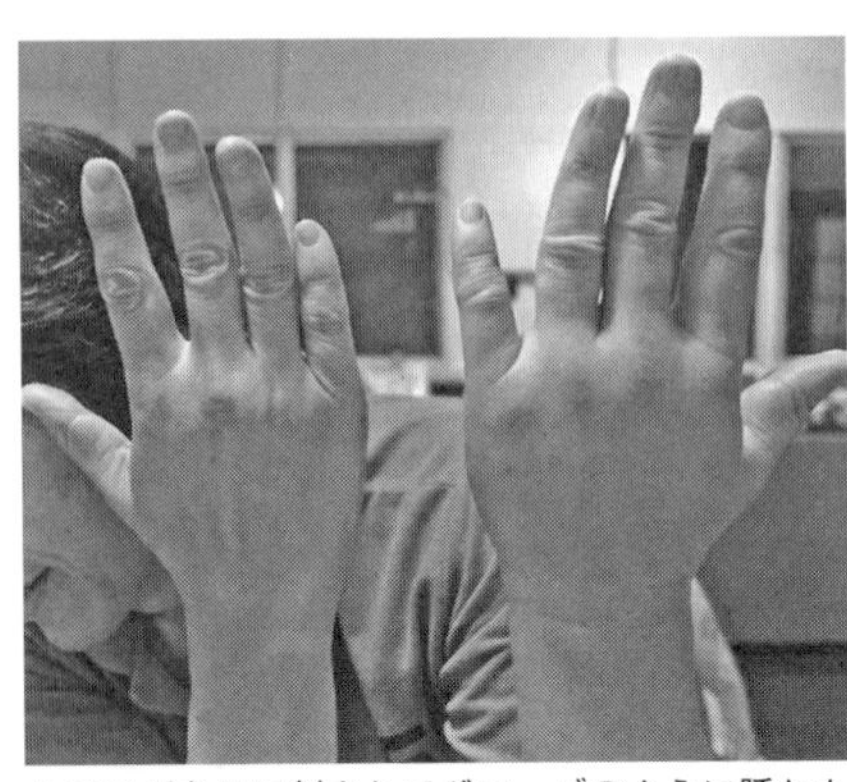
▲パラポネラに刺されてグローブのように腫れた左手。無事な右手との比較（2015年2月）。

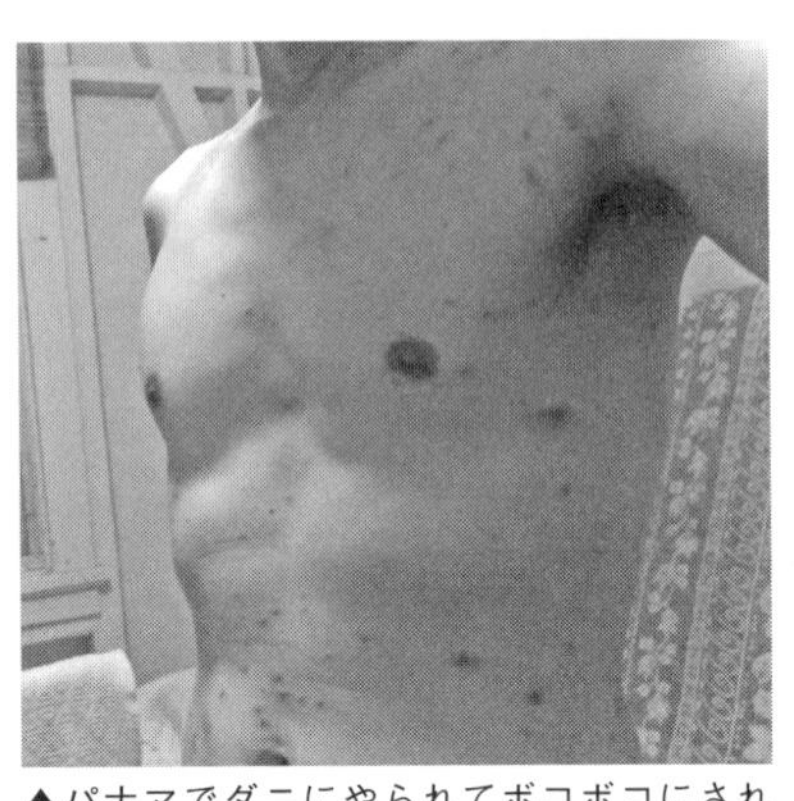
▲パナマでダニにやられてボコボコにされた（2013年9月）。

も図鑑でも取り上げられるユニークな生物であり、人間社会にとっては農作物を刈り取ってしまう大害虫でもあり、我々研究者にとっては進化を検証できるすばらしい生きた進化時計でもあるのだ。現在も多くの研究者たちが、ハキリアリを含むキノコアリの生態を研究し、農業被害を食い止めるだけではなく、その小宇宙のごとき社会を維持する術を人間社会に応用することをねらいながら、日々研究を進めているのである。

極限環境で研究するということ

最後に、熱帯雨林という日本の環境とは大きく異なる「極限環境」で調査・研究を行う喜びと悲しみを紹介しよう。まず、パナマをはじめとした新熱帯の熱帯雨林には多くのダニがいる。目に見えないような、現地の人が「ムクイン」と呼んでいる小型のダニから、乾期に大量発生するマダニまでもうありとあらゆるダニに咬まれることは覚悟しなくてはならない。写真にもあるように、人によっては、目も当てられないようなほどボコボコにされ、一日中かゆみとの闘いになることもしばしばある。

◀パラポネラのワーカー（九州大学・比良松道一氏撮影・2015年2月）

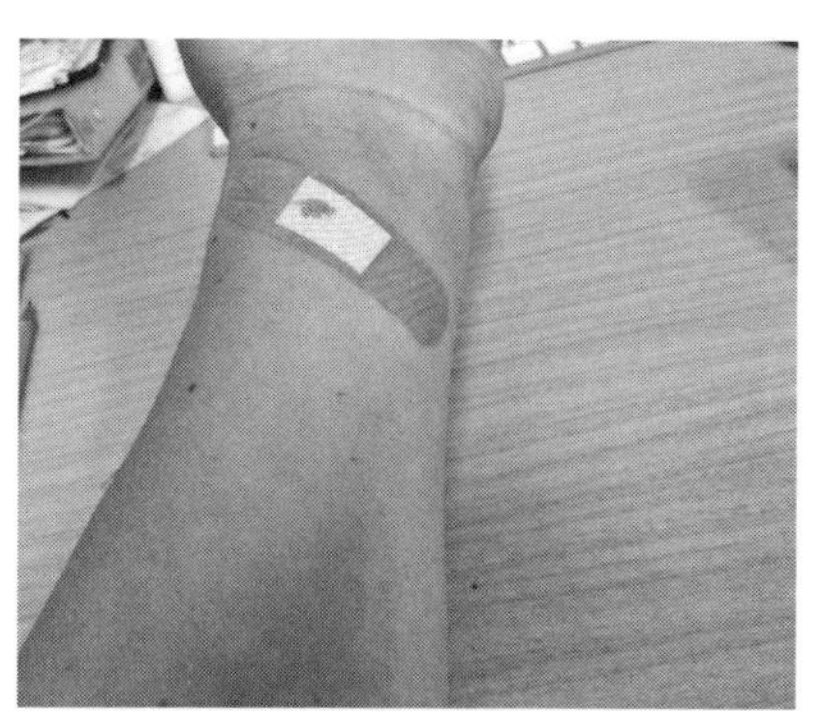

▲台湾でヒアリに刺されて腫れ上がった左手。とはいえ、熱帯雨林のアリに比べれば、腫れ方はかわいいもの（2017年8月）。

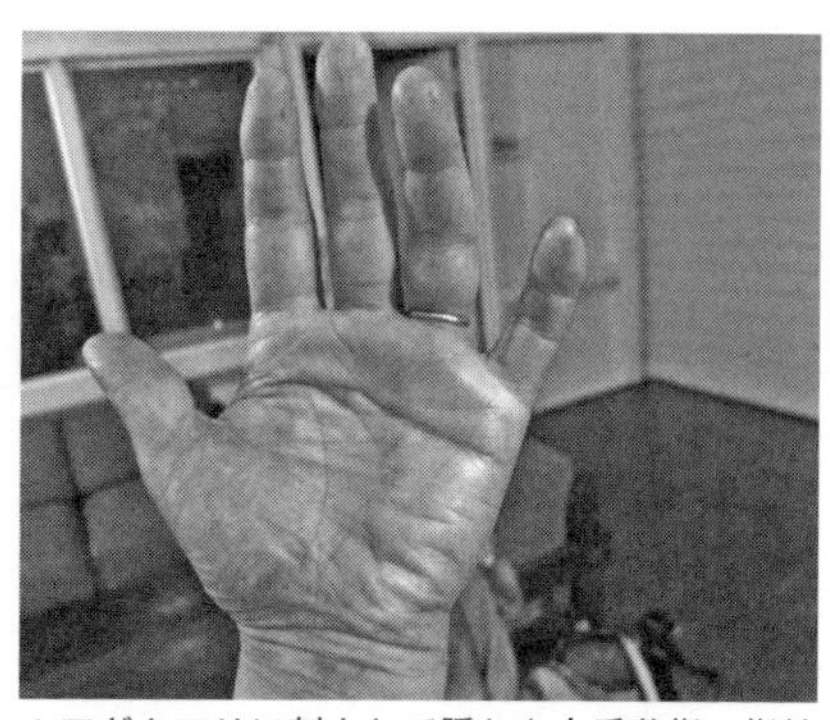

▲アギトアリに刺されて腫れた左手薬指。指輪が食い込んで，ねじ切らなければならなかった。結婚指輪だったのだが（2012年9月）。

　そして、アリの調査をするときには、熱帯雨林に生息する毒を持ったアリたちに刺されることも覚悟しておこう。世界最大のハリアリであるパラポネラ、毎朝一〇時に黒いじゅうたんのように森を覆いお食事タイムを取るグンタイアリ、巨大な大顎（たいがく）をもつアギトアリ、自分のすみかの植物を刺激されるとすぐにキレて襲いかかるアカシアアント、などなど。昨今話題になっているヒアリなんて足下にも及ばないような凶暴で強烈な毒をもったアリたちが、研究者を歓迎してくれるだろう。

　そんな困難を乗り越えながら、熱帯雨林で調査できるときの喜び！　ぜひとも多くの若者たちに経験してほしいと思っている。

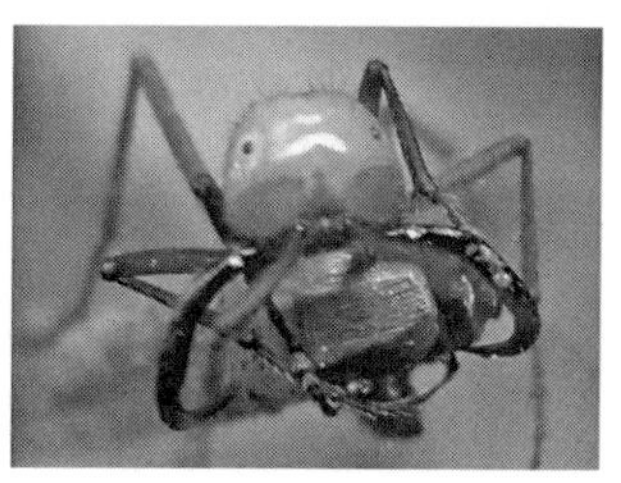

グンタイアリのソルジャー（2013年8月）▶

都市でも

私たちにとっての日常生活の場。多くの人にとって、都市は「快適で過ごしやすい環境」の代名詞であろう。しかし、人間以外の生物にとって、巨大なビルがたちならぶ空間、アスファルトで覆われた地面、わずかばかりに残された緑は、快適な場所とはほど遠い、「極限環境」かもしれない。この章では、都市に生きる鳥、チョウ、そしてコケがどのように都市環境に順応して生きているのかを紹介する。また、おなじみのカタツムリが持っていたことが近年明らかになった「隠し技」についても紹介し、身近な生きものの生態を研究する面白さを分かち合いたい。ほら、あなたの家の庭や通学・通勤路にも、登場人物がいたりして。

三上（みかみ）　修（おさむ）
北海道教育大学
函館校
専門は
鳥類生態学

都市環境——ヒトの文化が生物の暮らしに最も強く影響する空間

都市で生態学？

「都市なんて人のかかわりが強い場所で、生態学の研究なんてできるの？」と疑問を持たれる方は多いと思います。その疑問はごもっともです。実際、数十年前まで多くの生態学者は同じことを考えて（加えて、自然豊かな場所でフィールドワークをしたがるという性質もあって）、都市の生態研究者なんてほとんどいませんでした。ところが、今や都市の生態学研究は世界的に流行しています。

その最大の理由は、都市においても生物多様性を守る必要が出てきたからです。世界的な人口の増加に伴って都市は拡大していく一方です。当面、都市の拡大を防ぐことはできません。であれば、都市の拡大による自然環境への影響をどうやって抑えるかが重要になってきます。その時に「都市の中でも生物多様性を維持して、周囲の自然環境と連続した状態にしよう」とする考え方が出てきたのです。その考えは「人々にとって、都市の中で自然に触れ合う機会があることが重要だ」という意見にも後押しされました。そのほうが都市で暮らす人々のストレスの低減になるという実質的な効果に加えて、子供たちにとって環境教育の場にもなるからです。

その結果「都市において、生物多様性を維持するにはどうすればいいのか」という問いが学問的な研究課題として位置付けられるようになったのです。また、その過程でなのか、あるいは独自になのかは定かではありませんが「こんなに人間の関与が強い環境はほかにはない。都市は、自然の生態系と同じなのだろうか。違うとすればどんな違いがあるのだろうか」にも興味がもたれるようになったのです。

都市はどんな特徴を持った環境か?

では都市とはどんな環境かを改めて考えてみましょう。さまざまな視点がありますが、ここでは三つに絞って紹介します。

一つ目に、都市は非常に新しい環境と言えます。地球が誕生してから約四六億年、生物が誕生してから約三五~四〇億年、その後、生物的・非生物的な作用が組み合わさることで、地球上にはさまざまな環境が登場しました。たとえば、海洋、森林、草原などです。これらの環境の中で、最も近年なって登場したのが都市です。都市の誕生は人が文明を持ち始めて以降のことですから、どんなに古く見積もっても数千年前です。近代的な都市に限れば、わずか数十年前に誕生したと言っても良いかもしれません。

都市の特徴の二つ目は、絶えず変化するということです。どんな環境も変化しますが、都市の変化の速度は尋常ではありません。たとえば一〇〇年前と現代の都市では、高層化の度合が全くことなります。車の数も異なります。電柱だって一〇〇年前にはほとんどありませんでした。

都市の特徴の三つ目は、ある一種の哺乳類(ほにゅう)がとてつもなく高い密度で生息している点です。その哺乳類とは、もちろん我々ヒトです。一種の哺乳類がこんなに面的に広く高密度でいる環境はほかにありません。

▲スズメの巣は、建物のすきま（右）道路標識の中空の鋼管のなか（左）につくられる。4～8月ごろにはせっせとえさ運びをする親鳥の姿が見られる。

調査地としての都市は面白い？

他にも都市の特徴として「気温が高い（ヒートアイランド現象）」「乾燥している」「騒音が大きい」「夜でも明るい」など、都市以外の環境には見られないものが数多くあります。

では、都市環境を調査地として研究することには、どんな面白さがあるのでしょうか？私がぜひ紹介したいのは「人間のさまざまな営みが意図しない形で、都市に生息する生物に影響している」点です。ここからは私が研究対象としている鳥に絞って話を進めたいと思います。

スズメの住宅事情

まず都市の鳥の代表格であるスズメです。スズメは都市で普通に見かける鳥ですが、なぜ都市にいるのかといえば、案外と気づいていない人もいますが、スズメが都市の中で繁殖をしているからです。仮にスズメの繁殖期である五月ごろに、通勤・通学の一五分の道のりで一〇羽のスズメを見かけたとします。すると細かい話を抜きにすれば、その道のりには五つの巣があると言えます（夫婦で一巣という単純計算です）。「でも、スズメの巣なんて見たことない」とおっしゃる方もいるかもしれません。スズメの巣は、よくよく探してみると結構あちらこちらにあります。瓦屋根（かわら）の下や道路標識のパイプなど、人工構造物のすきまに巣をつくっています。スズ

国土地理院撮影の空中写真からわかる住宅地の造成年代。田んぼだったところに住宅が建ち並び、右下付近には学校もできて、地域の様子が大きく変わっている。▶

メは本来、樹洞営巣（じゅどうえいそう）していたと想像されます。樹洞とは、木のうろのことです。しかし、人間が都市をつくり、ちょうどよいすきまをつくり出したので、今ではすっかりそちらに巣をつくるようになっているのです。

さてこの人工構造物のすきまですが、当然ながら時代とともに変わっていきます。たとえば一〇〇年前は道路標識なんてありませんでしたから、そこには巣をつくっていなかったはずです。住宅の屋根の材質や形状だって変わっていきます。では、その結果、スズメの住宅事情にはどのような変化が生じたのでしょうか。

それを明らかにするためにこんなことをしました。まずネット上で、家の近くの航空写真を過去のものから新しいものまで探し出します。それを見比べて家の近くの住宅地がいつ頃できたかを推定します。ちょうど造成年代の異なる住宅地が隣接しているところを見つけました。この二か所に実際に出かけて行ってスズメの巣を数えてみます。すると新しい住宅地（二〇〇〇年ごろ造成）では一〇〇メートル四方に一・二巣くらいでしたが、古い住宅地（一九七〇年ごろ造成）では四倍近い四・六巣が見つかりました。作業そのものは単純ですが、十分なデータを集めればこれだって研究です。ここから、新しい住宅ではスズメが巣をつくりづらいことがはっきりしました。

なぜ新しい住宅地に巣が少なかったかは、実際にどんなところに巣があったかをみればわかります。古い住宅地では、瓦屋根の家が多く、また

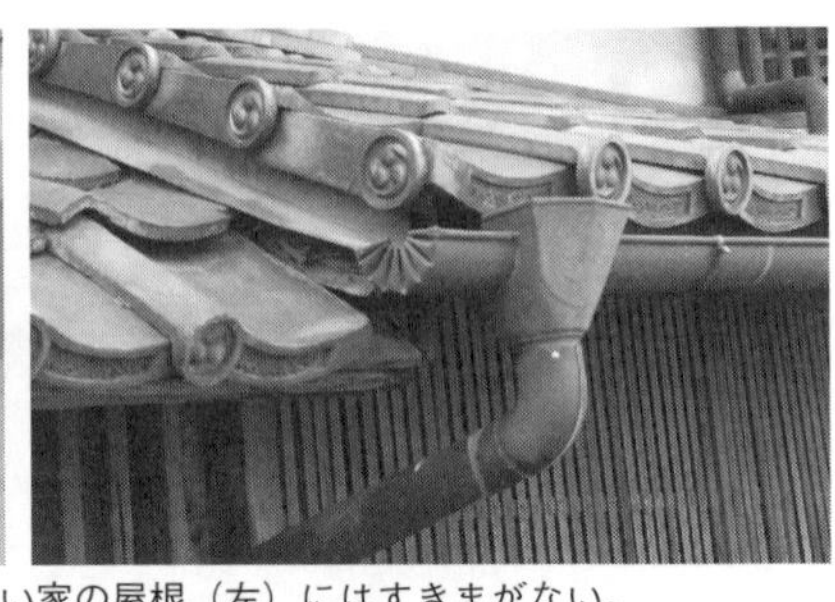

▲古い屋根瓦（右）にはすきまがあるが、新しい家の屋根（左）にはすきまがない。

軒下に空間があるので、スズメが巣をつくれるすきまがいろいろとありました。ところが新しい住宅地には、冷暖房の効率化のためか気密性の高い住宅が多く、すきまがほとんどありません。

「最近、スズメが減った」という話を聞いたことがないでしょうか？　その一因は、人間の住宅事情の変化がかかわっています。家の造りというのは、人間側の事情で変化するものです。それが全く関係ないスズメの個体数に影響していると考えると面白いではありませんか！

車はカラスの道具？

次はやはり都市の鳥の代表であるカラスを例に、人の文明が、カラスの採食行動に影響を与えているという話を紹介しましょう。

都市には二種のカラスがいます。ハシブトガラスとハシボソガラスです。このうちハシボソガラスは、なかなか器用で車を使ってクルミ（正確にはオニグルミの核果）を割ることが知られています。どうするかといえば、車道にクルミを置いて、それを車に轢かせて割って中の実（子葉にあたる部分）を食べるのです。

クルミの硬さは驚異的で、我々でも割るにはハンマーが必要です。特に晩夏の頃はそうです（春先になるとだいぶ割りやすくなります）。この硬さは、おそらくネズミやリスから食べられないようにするために、クルミが長い時間をかけて進化させたものです。本来なら堅牢な殻に守られ、クルミは安心なはずでした。ところが、その長い進化の末の到達点を、ハシボソガラスは「アスファルト&車」という人間

◀ハシボソガラスのクルミ割り。北海道、東北地方などで見られる。カラスが車を意図的に利用してクルミを割る行動は、今のところ日本でしか見られない。

がここ一〇〇年ほどの間につくり出したものをうまく組み合わせて易々と割ってしまいます。

クルミの立場に立てば「えっ、ちょっと待って！　それっていいの？　こっちは生物としてまっとうな進化を遂げたのに、車を使うなんて反則じゃないの!?」と言いたいところでしょう。さらに言えば、最近はクルミ入りのタイヤもあるので、クルミからすると何とも言えない気持ちかもしれません。

人間が自分たちの都合でつくり出した道路と車（タイヤ）が、カラスの採食戦略に影響を与えているのです。将来的には、クルミの殻の硬さの進化にだって影響するかもしれません。

都市の歴史は群集の種組成にも影響を与える

スズメとカラスの話は、ヒトの営みが個々の種の生態に与える例でした。次にもう少し視点を大きくして、人の営みが生息する種の組成にまで影響を与える場合があることを紹介しましょう。

私は現在、北海道の函館（はこだて）に住んでいますが、函館市内にはいくつか大きな緑地帯があります。これは防火帯（防火林）です。函館は風が強い街で、過去に何度か大火に見舞われました。そこで人々は延焼を防ぐために防火帯をつくり、そこに木を植えたのです。それらの樹木は今や一五〜二〇メートルほどに成長し、その樹洞でシジュウカラやコムクドリなどが繁殖をしています。

このことをじっくり見直してみると、「風が強いという気象環境がもともとあった↓江戸時代の末期に外圧から開港を余儀なくされ、函館に大きな都市ができた↓何度も大火に見舞われた↓人々が、延焼を防ぐために防火帯をつくるという街づくりを行った↓そこに鳥たちがすみ着き現在に至る」となります。ヒトが都市をつくる行為が、生息する鳥類の種数や個体数に影響を与えているわけです。

同じようなことが城跡についても言えます。城跡というのは、鳥たちにとってなかなか良い生息地です。水場があったり、小さな森があったり、やぶがあったりするからです。それが証拠に、日本各地の城跡が、しばしば探鳥地（鳥好きな人たちが鳥を見る場所）になっています。

さて、お城の規模はなんで決まるでしょうか？　もちろん、お城を造った当時の勢力が関係します。大きな勢力を持てばそれだけ大きな城を築きます。さらに、戊辰（ぼしん）戦争（一八六八〜一八六九、明治維新期の討幕派と幕府派の戦い）後の処理も影響します。戊辰戦争のときに幕府軍側についたために破壊され規模が小さくなった城があります。また第二次世界大戦時に近くに軍需工場があったため空襲にあったかどうかなどにも影響を受けます。大きな城跡が残っていれば、そこに生息する鳥の種数も個体数も多くなります。つまり、歴史が、城跡の大きさを決め、現在の都市の鳥類群集の組成を決定づける要因の一つになっているというわけです。

人と文化多様性と生物多様性と

ここまで「人間の文明・歴史」が「鳥の行動・生態」に影響を与えるという観点で見てきましたが、これとは逆の力学も働きます。つまり我々の文化（デザイン、言葉、食べ物）が、鳥をはじめとした多くの生きものに影響を受けているという関係です。そう考えると都市とは「人間の文化・歴史」と「生物の行動・生態」が交錯する場所と言えます。そういう観点で、自分の暮らしている都市を見直してみるのはいかがでしょうか？

▲函館山から見た函館市内の景色。防火林が縦横に走る。

■都市の生物を調べたい人のためのアクセス情報：（難易度・超初級）

よほどへんぴなところに住んでいない限り、自宅の玄関を出ればすぐ。住宅地ではスズメが、大きな公園では慣れてくると一〇種くらいの鳥たちがいることがわかる。スズメなんていつでも見られると思うかもしれないが、実は季節変化も大きくて、住宅地で見られるのは春から夏にかけて。秋冬は小さな群れになって移動するので見かけづらくなる。

住宅地を調査地として研究する場合は、こそこそするとかえって不審がられて警察を呼ばれてしまうので、調査ボードを持って「調査をしています」アピールをした方が良い。ただし、そうすると地域の年配の方にやたら話しかけられ、長時間トラップ（捕獲！）されることも。トイレ休憩も含めて、どこか手ごろなカフェを探しておくと調査のモチベーションの維持につながる。

いわゆる野外と比べて安全なような気もするが、観察に集中していると車に対して注意を払えなくなるのでご注意を。

大石 善隆（おおいし よしたか）
福井県立大学
学術教養センター
専門は
コケの生態学

健気に、たくましく、そしてときにはしたたかに……「都市のコケ」

照り付ける太陽、灼熱（しゃくねつ）のアスファルト、舞い上がる粉塵（ふんじん）、バケツをひっくり返したような雨、途切れることなく行き交う人々、絶え間ない再開発……こうしてみると、私たちの生活する「都市」は人間以外の生物にとってたいへん過酷な環境である。しかし、この都市で健気に、たくましく、そして時にしたたかに暮らす生きものもいる……「コケ」だ。もちろん、あの、小さくて緑色で目立たず、食べても美味しくないため「コケにされがちなコケ」のことである。その見た目はいかにも貧弱で、都市の厳しい環境を生き延びるためのたくましさのかけらもみられない。むしろ、真っ先に消えそうな生きものの代表格と思われているだろう。しかし、実際は、コケは都市に広く分布するだけでなく、都市の中心部でさえ、多くの種が確認されることさえある。その弱々しい見た目とは裏腹に、なぜ、コケは過酷な都市で生き残っているのだろうか？　ふつふつと沸き起こる探求心に身を委ね、私は「都市のコケの多様性」に迫ってみることにした。

コケはどこにいる？

コケは都市のどこにいるのだろう？　ふだんの生活では気にしてないかもしれないが、実は都市のあらゆる場所でコケは見られる。毎日歩いている道のアスファルトの上にも、街路樹の幹にも、さらには駐車場の小さなくぼみにまで、よく見れば、小さなコケがひょっこり生えている。

この話、どこかひっかかるところはないだろうか。何のへんてつもない日常の風景なので、疑問を感じなかったかもしれない。しかし、ここにコケの特徴を考えるうえで重要なポイントが潜んでいる。「アスファルトの上にもコケは生える」……よくよく考えると、不思議なことではないだろうか。一般に、木や草などの植物は根から水や栄養分を吸収するため、土がなければ生活することができない。おまけにアスファルトのような乾燥しやすい環境に置かれたら、ほんの数時間もたたないうちにしおれ、枯れてしまう。しかし、そんな環境であっても、なぜ、コケは生き抜くことができるのだろう？　これには、コケの体のつくりが大きく関係している。

コケの体と環境

コケは非常に単純な体のつくりをしており、木や草のもつ維管束（いかんそく）（根から吸収した水や栄養分を茎や葉に運ぶ管）さえない。では、どうやって生きているかというと、雨を霧に含まれる水などを体の表面から直接吸収しているのだ。そのため、土がないアスファルトや樹の幹でも、コケは生活することができる。

さらに驚くべきことに、体の表面から水などを吸収するという生き方を選択した結果、コケは長期間にわたって、乾燥に耐えることができるようになったのだ。コケが水や栄養分を得ている雨や霧は、いつもあるわけではない。一週間以上雨が降らないことだってある。そんなときは、コケも干からびてしわくちゃになってしまうが、決して枯れているわけではない。生命活動を最小限に抑えて次に水を得られる機会をじっと待っており、再び

キダチヒラゴケ。まるで扇のよう。林床で光を受けるのに都合がよい形。

ホソウリゴケの群落。小さな個体が寄り添って生え、乾燥を防ぐ。

水を吸収すれば、元通り美しい緑の「コケ」に戻るのだ。イメージとしては、乾燥ワカメがぴったりかもしれない。記録によれば、ある種のコケは、一〇年もの間水がない環境にあっても、水をあげたら生き返ったこともあるそうだ。「土から水を積極的に吸収する能力を磨くことで、陸上生活に適応した木や草」に対して、「乾燥にひたすら耐える能力を身につけることで、陸上生活に適応したコケ」。コケの生き方には、やはりどこか健気なところがある。

コケの乾燥耐性に加え、都市におけるコケの生活を考えるうえで、もう一つ、注目すべきことがある。それは、コケの形「生育形」だ。コケは環境に適した形になることで、水や光環境をうまく利用し、かつ、過酷な条件に耐えているのだ。例として、先ほど紹介したアスファルトの上に生えるコケを見てみよう。こうした環境に生える代表的な種「ホソウリゴケ」は、多数の個体が寄り添ってギュッと詰まったクッションのような塊(群落)をつくって生えている。これは、雨などから得た水を少しでも長く群落内に維持し、乾燥の影響を軽減するためだ。比較のため、森の中のやや薄暗く、湿った環境に生えているコケ(キダチヒラゴケ)をみると、フワリと広がる扇のような形をしている。こうした環境では、乾燥の影響をどう和らげるか、ではなく、いかに効率よく光を受け取るか、がコケにとって重要な問題になる。そのため、平たく光を受けやすい扇のような形が生きる上で大変効率的になる。このように、コケはその小さな体を駆使して、巧みに環境に適応しているのだ。

フロウソウ。草のような姿から「不老草」という名前だが、れっきとしたコケだ。

都市のコケの多様性

いよいよ本題に入ろう。まず、都市でどの程度コケが豊かなのかを把握するために、日本を代表する大都市の一つ京都市で、コケがどの程度生えているか、調べてみることにした。しゃがんでアスファルトをみれば、ギンゴケやホソウリゴケのような乾燥に強いコケが生えている。同じように、街路樹の幹には、木の幹を好んで生える種がみつかる。校庭の隅、用水路の脇、街の公園……いずれもそれぞれの環境に適応した種が生えている。それぞれの環境で見られる種は限られているが……いろいろな環境に生えている種を全て合わせてみると、京都市の中心部でも四〇～五〇種以上にもなった。

ここで、先ほど紹介したコケの生育形を利用し、都市のコケの多様性について、少し掘り下げてみよう。コケに顔を近づけてじっと見ると、都市のコケにもいろいろな形があることに気がつく。前述のクッション形や扇形から、スギゴケのような背の高いコケ、じゅうたんのようなマットをつくるコケ、まるで小さなヤシの木のような形をしたコケなど、「これがコケ?」というようなものまで……。その形は千差万別。コケの形が環境適応の結果であることを考えれば、さまざまなコケの形が見られる＝都市にもいろいろな環境がある、ということになる。コケから見れば、都市の小さな森や公園であっても、それぞれが全く異なった環境になるのだろう。都市には、湿度が適度に維持された、広大な森林はないかもしれない。しかし、同じように湿度が維持されている、木の洞(うろ)のような小さな空間

「苔寺（こけでら）」として知られる西芳寺。日本の代表的なコケ庭。境内では120種以上ものコケがみられる。拝観には事前予約が必要。

ならある。コケは小さな体と生育形を駆使し、こうした都市の小空間を利用して生育している。そのため、都市であっても、多くのコケが見られるのだ。

日本庭園はコケのオアシス

京都市内のコケを調べていると、都市のコケの多様性を考えるうえでとても興味深い現象があることもわかってきた。それは、都市の「日本庭園で非常に高いコケの多様性が維持されていること」だ。京都市の中心部にあっても、一つ庭園だけで一〇〇種近くものコケが見つかることさえある。京都府全体で見られるコケは約六〇〇種であることを考えると、「日本庭園はコケのオアシス」といっても過言ではない。

では、なぜ、庭園でこんなにもコケが豊かなのだろうか？これには、いろいろ理由があるが、主な要因として、日本庭園のデザインがあげられる。日本庭園では、小さな池をつくって海を表したり、築山（つきやま）をつくって深山を表現したりするデザイン技法（縮景（しゅくけい））が用いられる。この大自然を小さなミニチュアで表現するという日本庭園のデザインが、小さいスケールながらも環境を多様にし、豊かなコケの多様性につながっているのだ。

一見みると、弱々しく、ひっそりと健気に生きているコケ。しかし、実はアスファルトの上でも生きられるほどたくましく、さらに、その小さな体を生かして都市の小空間で生育場所を確保し、おまけに人工的につくられた環境さえも利用するしたたかさも兼ね備えている。「小空間を利用することで、都市でも高い多様性を維持している」コケは、都市の生物の保全を考える上で興味深い視点を与えてくれるだろう。

しかし、注目すべきことはそれだけではない。「弱々しくみえても実はたくましく、健気なようで実はしたたか」というコケのギャップが、時に人を魅了してやまないのだ。街を歩いてコケに目が留まり、つい足を止めてしゃがみこんでしまったら……あなたもちょっぴりコケの虜(とりこ)になってしまっているのかも?しれない。

■コケのオアシス・京都の日本庭園へのアクセス情報：難易度・初級

日本の都市、さらには海外の主要な都市からも京都市へのアクセスは容易。市内には公園や社寺仏閣などの緑地が多くあり、著名な観光スポットになっているところも少なくない。これらの観光地を訪れた折にちょっとしゃがみこむだけでも、さまざまなコケに出会えるだろう。例えば、京都の玄関口、京都駅の近くにある梅小路公園一帯でさえ、五〇種以上ものコケが見られる。

京都は日本の庭園文化の中心地。観光がてら、世界に誇る日本の美「コケ庭」を鑑賞してみるのもお勧めだ。京都市内で多くのコケが楽しめる代表的な庭園は「西芳寺（苔寺）」をはじめとして、慈照寺（銀閣寺）、法然院、無鄰菴、三千院門跡（以上、左京区）、大徳寺（北区）、祇王寺、天龍寺（以上、右京区）、桂離宮（西京区）、東福寺（東山区）、などがある。事前予約が必要な庭園もあるので、観光ガイドなどで確認を。

曽我（そが） 昌史（まさし）
東京大学大学院
農学生命科学研究科
専門は都市生態学，
景観生態学

都会の中の「孤島」に生きるチョウたち

都市は、私たち人間が快適で文化的な生活を送るうえで欠かせない大切な場所です。一方、野生生物の目線で見た場合、そこは決してすみ心地の良い場所とは言えません。都市は地域の大部分が人工構造物でおおわれており、自然生態系と比べると、温度や水、光などの環境条件も大きく異なります。都市は「人間活動による環境改変の影響が地球上で最も著しい場所」であるという点から見れば、そこは野生生物にとってまぎれもなく極限環境と言えるでしょう。

そうした過酷な都市環境に生きる野生生物にとって、街の中にわずかに残された森林は、まるで都市砂漠の中にあるオアシスのような空間です。実際に、東京のような大都会であっても、こうした環境にはまだまだ多くの生物が生息しており、希少な種も見ることができます。私は、こうした都会の中に点在する孤立した森林、「孤立林」で、野生生物がどのように暮らしているのかを調べています。

森林の分断化とは

私たちがふだん街なかで見かける森林は、多くの場合、一つ一つが小さく孤立していますが、これは都市開発によって「森林の分断化」が起きたためです。森林の分断化とは、本来大きく広がっていた森林が、道路や宅地等によって隔てられ、互いにばらばらになることです。分断化が進行した地域では、かつて森林であった場所に市街地がまるで大海のように広がり、その中に孤立した森林が浮き島のようにとり残されます。森林の分断化は、生物どうしを離れ離れにして交流のチャンスを減らしたり、残された生息地の質を劣化させたりなど、地域の野生生物に大きな悪影響をもたらします。

森林の分断化は、日本をはじめ、世界中の都市で見ることができます。東京都南多摩地区（八王子市・日野市・多摩市・稲城市・町田市にまたがる丘陵地帯）もまたそうした地域の一つです。この地域は、かつて広大な里山が広がっていましたが、一九六〇年代に始まった多摩ニュータウン開発の影響で、森林の分断化が大きく進みました。南多摩地区の土地利用を開発前後で比べてみると、数十年の間に孤立林の数が急増し、その大部分が小さな森林で占められるようになったことがわかります。この地域の定点写真を見ると、地域全体が市街地に侵食され、森林が孤立していく様子が見てとれます。

東京都
南多摩地区

孤立林は海の中の孤島のよう

私は、まずはじめに、分断化が進んだ南多摩地区においてチョウがどのように分布しているのかを調べました。どうしてチョウに注目したかというと、チョウは種ごとの生態的特徴（形態・生理的な特徴）が比較的よくわかっており、観察調査も容易なため、研究対象に適していると考えたためです。また、チョウは人為的な環境改変の影響を受けやすいため、指標生物として利用できるというのも大事な点です。

▲都市化に伴い森林の分断化が進行する様子。東京都南多摩地区の、約 40 年間の地域の変化を定点カメラで撮影した様子（撮影者：パルテノン多摩）。

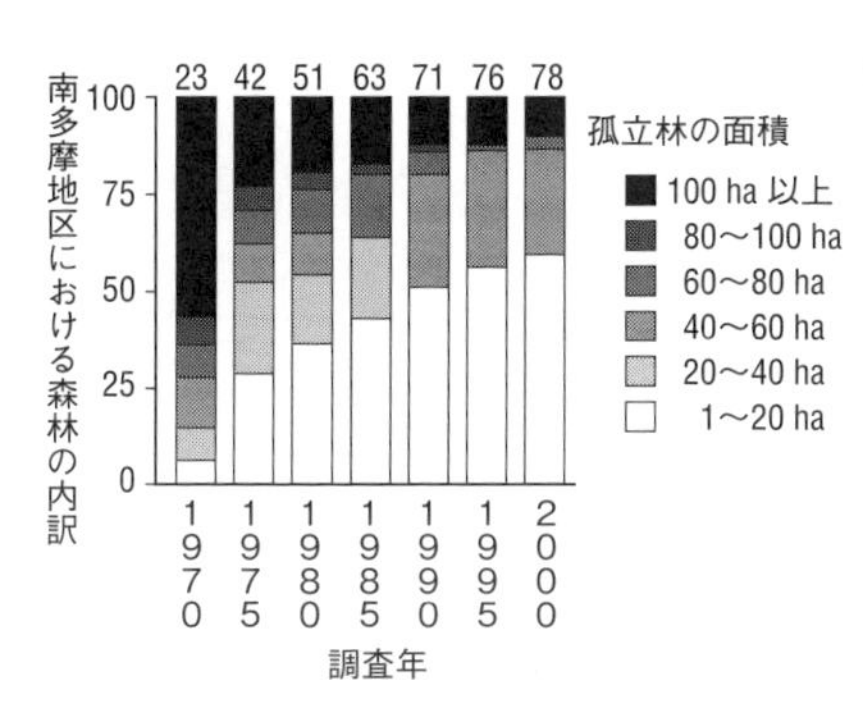

◀南多摩地区の 30 年間の土地利用（森林の構成）の変化。30 年の間に孤立した森林の数が増えた一方、面積の大きな森林が減少したことがわかる。グラフの上の数値は孤立林の数を表す。（以下の論文のデータをもとに作成：Kataoka T, Tamura N 2005. Effects of habitat fragmentation on the presence of Japanese squirrels, Sciurus lis, in suburban forests. Mammal Study, 30, 131-137.）

南多摩地区の孤立林でチョウの調査を行ったところ、この地域のチョウの分布は、「島の生物地理学」の理論から導かれる分布パターンを示すことがわかりました。島の生物地理学とは、大陸と一度も陸続きになったことのない島（海洋島といいます）に生息する生物の生態や分布などを調べる研究分野で、これまでの成果から、「島に生息する生物の種数は島の面積と正の関係で、大陸（生物の供給源となる場所）からの距離と負の関係になる」という理論が示されています。私が記録したチョウのデータを調べたところ、孤立林に生息するチョウの種数は孤立林面積が大きいほど多く（正の関係）、かつ広大な森林（高尾山を含む山塊）からの距離が大きくなるほど少ない（負の関係）ことがわかりました。この結果は、都市化によって周囲から孤立した森林は、チョウにとってはまさに海に浮かぶ孤島のような環境であることを示しています。

分断化に弱い種の特徴

チョウ類の中には、分断化が進んだ地域でも普通に生きていける種から、めったに見られなくなる種まで、さまざまな種がいます。では、この差の原因はなんなのでしょうか？この疑問を解決するために、分断化の影響を受けやすい、分断化に敏感なチョウ類がどんな特徴を持つのかを調べました。

ここでは、チョウの分布を「入れ子構造」という分布パターンに当てはめて、各チョウ類種の分断化に対する敏感さを測りました。入れ子構造とは、「種数が少ない生物群集（その地域にすむ全生物の集まり）が常に種数の多い群集の一部

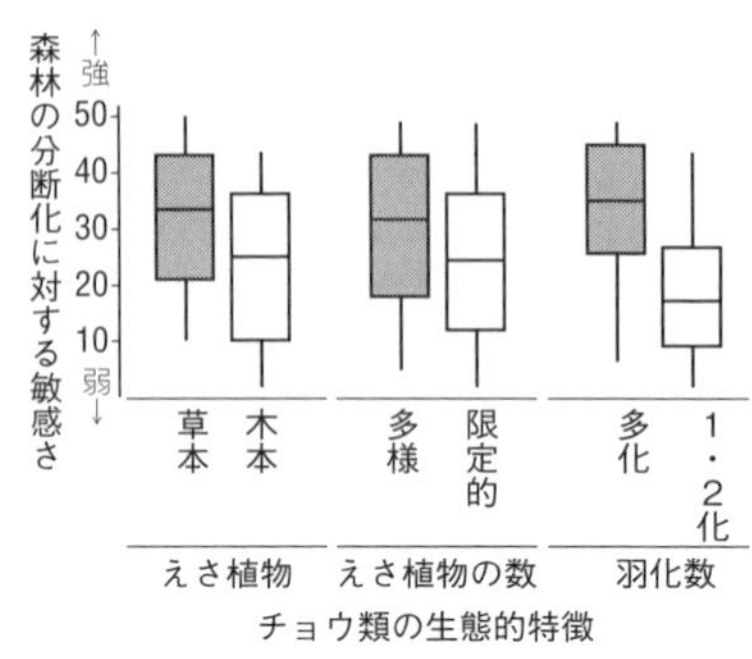

森林の分断化に対するチョウ類の敏感さと生態的特徴の関係。幼虫期に樹木の葉を食べる種、幼虫期に食べられる植物の数が少ない種、羽化数が少ない種は、より分断化に弱いことがわかる。（以下の論文のデータを基に作成：Soga M, Koike S 2012. Life-history traits affect vulnerability of butterflies to habitat fragmentation in urban remnant forests. Ecoscience, 19, 11-20.）▶

に含まれる構造」のことです。入れ子を形成する群集では、分布域が狭い種（あまり見られない種）は種数の多い群集でしか見られず、逆に種数が少ない群集は分布域が広い種（どこでも見られる種）によって占められます。私は、生息地の分断化が起きた地域で群集の入れ子構造を調べれば、どの種が分断化によって分布域を狭めやすいのか、すなわち分断化に弱いのかを明らかにできるのではと考えました。

データを分析した結果、南多摩地区のチョウ類はきれいな入れ子構造を形成し、大きな孤立林ほどより大きな群集（より多様な種を含む群集）となることがわかりました。この結果は、この地域のチョウ類の中には、分断化が起きた後、どこの森林でも生きていける「分断化に強い種」と、大きな森林に依存する「分断化に弱い種」がいることを意味します。そして、分断化に弱い種がどんな特徴を持つのか調べたところ、それらの種は大きく三つの特徴を持つことがわかりました。その特徴とは、①幼虫期に草ではなく樹木の葉を食べる種、②幼虫期に食べられる植物の数が限られている種、③世代数が少ない種です。こうした特徴を持つ種は、分断化に対してより敏感であることが明らかになりました。例えば、オオミドリシジミやアカシジミ、ヒオドシチョウといった種は分断化に弱いグループに属する一方、キアゲハやモンシロチョウ、ルリシジミなどの種は分断化に強い種であることがわかりました。

新たな疑問

このように、南多摩地区のチョウ類の分布は、島の生物地理学から予想される分布パターンや入れ子分布により、ある程度説明することができました。ところが、データを良く調べると、これらの理論では明らかに説明がつかないケースも見られました。例えば、面積が小さく周囲から孤立した森林にもかかわらず、分断化に弱いとされるチョウ類（本来は、大きな森林に依存した種）が確認されることが多々あったのです。私は、なぜこのような奇妙な分布パターンが見られるのか、不思議に感じていました。そして、こうした説明しにくいデータと向き合ううちに、南多摩地区のチョウの分布をより深く理解するためには、この地域の歴史性を調べる必要があるのではと考え始めました。

「絶滅までの残り時間」をチャンスに転じるために

チョウは基本的には、森林の分断化の影響を受けやすい生物です。しかし、影響は開発後すぐに出てくるとは限りません。分断化が起きて、将来的に絶滅する運命にあっても、種によっては長い間生き残り続けることがあります。このように、人為的な環境改変に対してタイムラグを伴って起きる将来的な絶滅のことを「絶滅の負債」と言います。過去に野生生物に与えてしまった負の影響の債務を、いつか「絶滅」という形で支払わなければならないという意味です。

私の調査地である南多摩地区では、かつて多摩ニュータウン開発によって森林の分断化が短期間で劇的に進みました。そのため私は、この地域のチョウ類にはまだ絶滅の負債が残されているのではと考えました。先ほど紹介した奇妙な分布パターンの正体は、絶滅の負債であると考えたのです。

箱ひげ図

右の図は、高校の数学Ⅰで学習する「箱ひげ図」というグラフ。長方形（箱）の上下に伸びた線（ひげ）はデータの範囲を示し、長方形の上側の短辺はデータの大きな方から四分の一にある値、下側の短辺は小さな方から四分の一にある値を、長方形の中の横線はデータの中央の値を示す。箱ひげ図は、データの散らばり方を示したり、複数の調査項目を比較するときに便利だ。

この仮説を検証するために、過去の土地利用のデータを入手し分析しました。すると驚くべきことに、チョウの分布パターンは、現在だけではなく、今から約四〇年前の土地利用の影響をいまだに受けていることがわかりました。このことは、南多摩地区において森林の分断化がチョウに及ぼす悪影響は、まだすべて目に見える形として現れていない、これ以上分断化が進まなくても地域から消失する種がいる、ということを意味しています。将来的に絶滅するおそれがあるチョウの個体群がどれほどいるのかを、数学的な方法を使って予想したところ、それらは地域全体に広く潜んでいることがわかりました。

この結果は、絶滅の負債が私たちの身のまわりに広く存在することを暗示しています。だとしたら、どこにどれくらいの絶滅の負債が残されているのかを突き止めることは、都市の生物多様性を守るうえで大事な知識となるでしょう。将来的に消えゆく運命にある種の絶滅を未然に防ぐことができれば、過去に起こしてしまった開発の影響を、部分的であったとしても、帳消しにすることができるかもしれないからです。

幸い、ここまで紹介した研究からもわかる通り、絶滅の負債の「支払い猶予期間」(種が絶滅するまでの残り時間)は、私たちが思っているよりも長く確保されている可能性があります。そのため、今後こうした猶予期間を生物多様性保全のチャンスととらえ、いかにアクションにつなげるかが重要になってくるでしょう。

野生生物の「孤島化」を防ぐ

冒頭で私は、都会にとり残された自然環境は、野生生物にとって海洋に浮かぶ孤島のような場所であると述べました。しかし、海洋と都市では決定的に違うことがあります。それは、海では基本的に陸の生物は生息できないのに対し、都市の場合、たとえ多くの人が住む市街地であっても、状況次第では野生生物の生息地となり得る点です。ですから、今後、街の中の環境の質を高めたり、孤立した生息地間のつながりを確保・再生することで、生物多様性の「孤島化」を防ぐことができるかもしれません。それは、都市にすむ生きものにとって大きな意味を持つでしょう。

結局のところ、野生生物にとって都市が極限環境なのか、また今後もそうあり続けるのかどうかは、すべて私たち人間のふるまいや考え次第なのかもしれません。

■南多摩地区の調査地へのアクセス情報（難易度・初級）

東京二三区から電車で一時間程度で行くことができる。調査地には、公園から雑木林、社寺林などさまざまな環境が含まれていて、こうした森林の中には、昔ながらの武蔵野の雑木林の面影を残す場所もあり、希少な生物種も見ることができる。

◀ヒメマイマイとエゾマイマイは、いずれも北海道にほぼ固有（エゾマイマイは東北地方の高山帯にもわずかに分布）。ヒメマイマイは殻の直径15～30 mmほどで、乳白色～淡黄褐色の明るい殻色を持つことが多い。エゾマイマイは殻の直径は25～40 mmほど、淡黄褐色～赤褐色の暗い殻色を持つ。特にヒメマイマイは、殻色・殻型に非常に大きな地域間変異があることが知られている。

森井悠太（もりい ゆうた）
北海道大学大学院農学研究院,
フローニンゲン大学
極域研究センター
専門は
進化生態学

都市近郊で殻を振り回すカタツムリ

地球上に生息する生きものの種数は、一説によると、名前のついていないものも含め八七〇万種にも及ぶと言われている。地球上にはどうしてこれほどまでに多種多様な生きものが生息しているのだろうか。この問いは、チャールズ・ダーウィンが一八五九年に「進化」という考え方を提唱して以来、実に一五〇年以上も問われ続けているが、いまだに解明されていない謎（なぞ）が多く残る、生物学最大の難題の一つである。たとえば、「食う食われるの関係」が、食われる者の進化にどのような影響を与えるのか、という問いもそうだ。これが、私の研究テーマの一つである。食う者と食われる者の極限の攻防をめぐる進化の世界に、皆さんをお連れしたい。

果たして食う者は、食われる者の種や姿かたちの多様化を促すのだろうか、それとも抑えるのだろうか。もし促すならば、それはなぜだろうか。これほどシンプルで普遍的な問いにさえ、我々人類はいまだに明確に答えられていない。今のところ、促すという説も、逆に抑えるという説もあり、統一的な見解が得られていない。進化をめぐる問いに答えるということは、それほどに難しいのだ。

私は今、その問いに答えるべく、カタツムリとそれを食うオサムシを対象に研究を進めている。カタツムリは動きが遅く、ほとんど移動できないため、地域ごとに独自の進化を起こしやすく、進化の研究におあつらえむきの生きものと考えたのだ。その

中でも私は、ヒメマイマイとエゾマイマイと呼ばれる二種のカタツムリを相棒に、研究を行ってきた。どちらも北海道にほぼ固有であるが、道内では広く見られるありふれたカタツムリである。エゾマイマイの方がヒメマイマイよりも一・五〜二倍ほど大きい一方で、ヒメマイマイの方がエゾマイマイよりも巻きの数が多いなど、二種は似ても似つかない姿かたちをしている。

北海道のありふれたカタツムリをめぐる進化の不思議

私はまず、この二種のカタツムリを道内のあちこちから採集し、そのDNAを種間・個体間で比較するという研究を行った。こうやって書いてしまえば簡単なようだが、実際のところは試料の採集だけで二年もかかっている。各夏一か月、延べ六〇日以上もの期間を、道内を隅々までレンタカーでめぐってカタツムリを採集した。車内泊とテント泊を繰り返す毎日である。時に山に登り、時に島に渡り、北海道中のさまざまな地域からカタツムリを集めに集めた。ヒグマにおびえ、エゾヤブカの群れに囲まれ、小さなハエの仲間のメマトイに悩まされ、アカウシアブに血を吸われ、エゾイラクサの痛みに耐え、来る日も来る日もカタツムリ採りに明け暮れた。調査を終えて帰路に着く夏の終わりには、決まってげっそりと痩せこけていたものだった。炎天下のジメジメしたクマイザサのやぶの中で危うくぶっ倒れそうになったり、マダニに噛(か)まれライム病に感染し、脂汗をかくほどの関節痛にもだえ苦しんだり、嵐に打たれて夜中にテントごと吹き飛ばされたり、夢中になって茂みをはい回るうちに牧場の電気柵に触れて強烈な電撃を食らい身動きが取れなくなったりと、思い返せば散々に痛めつけられた日々だったが、不思議と野外調査を苦と思ったことは一度もない。それどころか、毎日が楽しくて楽しくて仕方がなかったほどだ。こうやって書いていると、だんだんと私は頭がおかしいのかもしれないと思えてきたので、このへんでやめておく。

さて、採り集めたカタツムリのDNAを調べてみると、なんとDNAではヒメマイマイとエゾマイマイを区別できないことがわかった。ある地域のヒメマイマイと別の地域のヒメマイマイ、また別の地域のエゾマイマイを比較すると、ヒメマイマイとエゾマイマイの方がヒメマイマイどうしよりも近縁である、というような現象が見られたのである。例えば、あなたと私（ヒトという同じ種どうし）よりも、私とチンパンジー（違う種間）の方が、DNAが似通っていたということに等しい。信じられないような結果、衝撃的な発見であった。このことから、ヒメマイマイとエゾマイマイの種や姿かたちの進化はごく最近に、種間のDNAの差異が蓄積するよりも急激に生じたことが示されたのである。この発見を機に、私は進化の研究にのめり込むこととなる。

ヒメマイマイとエゾマイマイに隠された進化の例外

生きものの種や姿かたちを多様化させる要因として、「資源をめぐる競争」が重要であると一般に考えられている。これを理解するには、生物学から頭を離した方が簡単かもしれない。例えば、セ社とフ社という二社のコンビニエンスストアがすぐ隣に店を出し合ったとしよう。すると、二社はお互いに競争し、お客という「資源」を奪い合うことになるだろう。当然、共存は難しい。訪れる結末は、片方の撤退か、戦略の変更かの二つに一つ。この戦略の変更こそが、生きものの種や姿かたちの多様化にほかならない。つまり、「資

DNAでの識別

DNAで生物の区別ができるのは、DNAを構成する塩基という物質の並び順（配列）にちがいがあるから。塩基配列は、突然変異によって置き換わることがある。置き換わりは普通修復されるが、修復ミスが起こることもあり、長い時間の間に置き換わった塩基がたまっていく。この性質を利用して、生物どうしの類縁関係を調べるのだ。

ところが、ここで紹介したヒメマイマイとエゾマイマイでは、DNAでは識別できなかった。DNAの変異は確認できるのだが、その類似性と種や姿かたちとが一致しなかったのだ。このことから、

この二種は、種分化してから非常に短い時間しかたっておらず、共通の祖先種が持っていた複数の変異型を引きずっていると考えられる。

ところが、ここで用いているDNAというのは、殻のかたちを決める遺伝子のことではない。一口に「DNA」とはいうが、そのサイズは非常に大きく、塩基の数も膨大であり、ヒメマイマイとエゾマイマイについては、形や機能に直接関係する遺伝子は今のところまだわかっていない。おそらく、カタツムリの殻型などを決定づける遺伝子が、ヒメマイマイとエゾマイマイの違いを決定づけているのだろう。

源をめぐる競争」を介した異なる資源環境への適応が、種や姿かたちの多様化を促すのだろうという考えが、近年主流になりつつある。

しかし、不思議なことに、ヒメマイマイとエゾマイマイは北海道の広い地域で同じ場所に一緒に生息する。さらに詳しく資源利用を調べてみても、二種は同じ生息場所やえさ資源を利用しているということがわかってきた。それどころか、二種のカタツムリを同じ植物の一枚の葉の上に見ることさえあった。ここまでをまとめると、北海道の固有種で、DNAでは区別できないほどに近縁であり、同じ生息環境を利用する二種が、あまりにかけ離れた姿かたちを獲得し、別種として共存しているということになる。私は呆然とした。これまで知られている事例に、類似したものがまるで見当たらない。常識的に考えて、あり得ない。全く同じ場所に生きる祖先種が、世代を経るごとに徐々にヒトとチンパンジーに分かれて、ついには別種となった今も共存しているなどということが、どうして起こり得るのか。想像してみてほしい。ヒトとチンパンジーが、「ウチとお隣さんは、ご先祖様が一緒なのよ。昔はこの街のみんながヒトだったみたいだけど、今ではあんなに毛むくじゃらでたくましくて、お隣さんが羨ましいわ」などと言いながら、あなたの街で仲良く一緒に暮らしているのだ。いったいどうすれば、そんなことが起こりうるのか?

カタツムリの驚くべき防御戦略を生み出す進化の原動力

ヒメマイマイとエゾマイマイの刺激に対する行動の違いを発見したのは、これまでの生物学の常識に照らしてあまりに矛盾の多い複数の事実に、頭を抱えていたころだった。飼育していたエゾマイマイのDNAを解析するために、足の先をわずかばかりカミソリを

使って切り落としたところ、なんとそのエゾマイマイは殻を大きく振り回してカミソリを弾き返したのだ。

これには目を疑った。殻を武器として使用するカタツムリなど、見たことも聞いたこともない。一方のヒメマイマイでは、刺激を与えると殻の中に引っ込むというカタツムリ全般に見られる行動を示した。この発見を得てようやく、ヒメマイマイとエゾマイマイは外敵からの防御に異なる戦略を採用したのではないかという考えに至った。そして、カタツムリを専門に捕食するオサムシと向き合ったとき、非常に敏感にそれぞれに特有の防御行動を示し、どちらの戦略もオサムシからの攻撃を見事に退けるということを発見した。種間で行動が違うということに気づいたこの発見が、研究の転機となった。

ヒメマイマイとエゾマイマイの間の体の大きさや殻の巻数などの違いも、行動と合わせた防御戦略の一環と考えると非常に理にかなっている。もしヒメマイマイとエゾマイマイの中間の姿かたちをしたカタツムリが存在したとしたら、それはオサムシの攻撃に対して非常にもろいだろう。中間のタイプは、殻の中に引っ込むには殻の入口が大きすぎてオサムシの侵入を許してしまうし、殻を振り回してオサムシを撃退するには筋力が足りない。中途半端では生き延びられないのだ。実際に、ヒメマイマイとエゾマイ

アキタブキの一枚の葉の上で、エゾマイマイとヒメマイマイが一緒に休んでいた。▶

マイの中間型のタイプは野外に見られない。すなわち、オサムシに対するカタツムリの防御戦略は、殻に引っ込んで攻撃に耐えるか、殻を振り回して戦うかの二つしかなく、その二者択一的な極限の選択よって、カタツムリの種や姿かたちが分化したのではないか。中間型が不利であること、これが食う者が食われる者の種や姿かたちの多様化を促すという仮説のキモである。

食う者と食われる者の極限の戦いが導く進化の法則

この研究は、食う者が食われる者の種や姿かたちの多様化を促すという普遍的な仮説を、強力に支持する世界で最初の実証研究である。すなわち、地球上の生きものがどのようにして多様な種や姿かたちを持つに至ったのかという問いに対し、「食う食われるの関係」の重要性を示唆している。「資源をめぐる競争」ばかりが強調されている現在の常識を大きく揺るがすものとなるだろう。

私たちは通常、進化の結末しか目にすることができない。地球上のすべての生きものが進化の産物であると知りながら、彼らが進化するさまを目の当たりにすることはほとんどない。これこそが、これまで「食う食われるの関係」が見過ごされてきた最大の原因だろう。すなわち、「食う食われるの関係」よって起こる進化の結末が、「資源をめぐる競争」によるものと、よく似ているのだ。結末が同じからといって、その過程をおろそかにしてはいけない。

ライム病の初期症状はインフルエンザによく似ているが、インフルエンザへの処方ではライム病は治らない。メカニズムを正しく理解することは、結末を知ることと同等かそれ

◀札幌円山原始林の風景。

以上に重要なことである。北海道という小さな島で繰り広げられるカタツムリとオサムシの進化の研究が、地球上のすべての生き物の多様化メカニズムを統合的に理解するうえで、重要な道しるべとなると期待している。しかし、今はまだ道半ば。私は今も、オサムシがカタツムリの多様化を促したという仮説の証明に向けて、研究を続けているところである。

■ヒメマイマイとエゾマイマイを探すためのアクセス情報（難易度・初級）

北海道内の森林であれば、たいがいどこでもヒメマイマイとエゾマイマイに出会うことができるが、ここでは特にアクセスの容易な札幌の円山原始林を紹介する。

東京から空路で新千歳空港へ、そこから電車に乗り継ぎ札幌を目指す。ＪＲ札幌駅から地下鉄東西線かバスを利用して二〇分ほどでたどり着ける。円山原始林は、大都市・札幌の中心部にわずかに残された、北海道本来の姿を留める奇跡の天然林である。見惚れるほど美しいカツラやエゾイタヤの巨木が立ち並び、その林床にはクマイザサが茂っている。そこに運が良ければカタツムリの姿を見ることができるだろう。人間にとっては不快な、じめじめと蒸し暑い曇りの日か、しとしとと雨の降る日が良い。北海道らしくカラッと清々しい晴れの日には、カタツムリを諦めて天然林ならではの心地よい木漏れ日を堪能してほしい。

なお、円山原始林は国の天然記念物に指定されており、動植物の採集は禁止されている。

宇宙へ！

空気がない、超低温、無重力など、書いたらきりがないほどの特殊な環境が揃った宇宙。さすがにここには、「環境に適応して生きている生物」は、今のところ見つかっていない。ただ、分布していないだけで、宇宙で短い時間であれば生きることが可能な生きものはいるらしい。また、無重力環境などは地球にはない条件なので、そこでの生物の挙動を知ることで、地球に重力が存在することの意義もわかってきた。宇宙での生物の研究は、宇宙で生物の生育を可能とすること以外に、地球の生物の生きざまの意義を確認する効果もある。この章では、クマムシとコケを材料にして、極限中の極限環境である宇宙で生物が生きる可能性を探る研究を紹介する。これらの研究が元となって、一〇〇年後には、クマムシとコケが、宇宙のどこかで生活し始めていたりして。

堀川（ほりかわ） 大樹（だいき）
慶應義塾大学
先端生命科学研究所
専門は
クマムシ生物学

宇宙のクマムシ

地上最強の生物といわれるクマムシ。その生息域は都市部だけでなく、深海や極域にまで広がる。そして、この生物は、地球の外にまでその生息範囲を拡大する可能性すら、ちょっぴりある。クマムシは、宇宙に進出したがっているのだろうか？ いや、そもそも、宇宙からやってきたのだろうか？

クマムシって？

クマムシは四対の肢（あし）をもち、水の中をちょこちょこと可愛らしく歩く無セキツイ動物である。体長は一ミリメートル以下なため、肉眼で見るのは難しく、顕微鏡で観察する必要がある。クマムシはムシと名のつく生物ではあるが、昆虫ではない。緩歩（かんぽ）動物門として大きな分類群を形作っている。現在までに確認されている種数は一二〇〇以上。系統的にはカギムシ（有爪（ゆうそう）動物門）やセンチュウ（線形（せんけい）動物門）に近いとされているが、このあたりについてはまだ議論が続いている。

クマムシの生息環境は、種類によってさまざまである。海や川のような水環境に生息するものもいれば、陸地にすむものもいる。南極のような極域にも生息するものがいる。私たちの身近なところで言えば、その辺の路上のコケは、陸生のクマムシにとって好ましい環境である。

すべての種類のクマムシは、基本的には水生生物である。そのため、陸生のクマムシも、

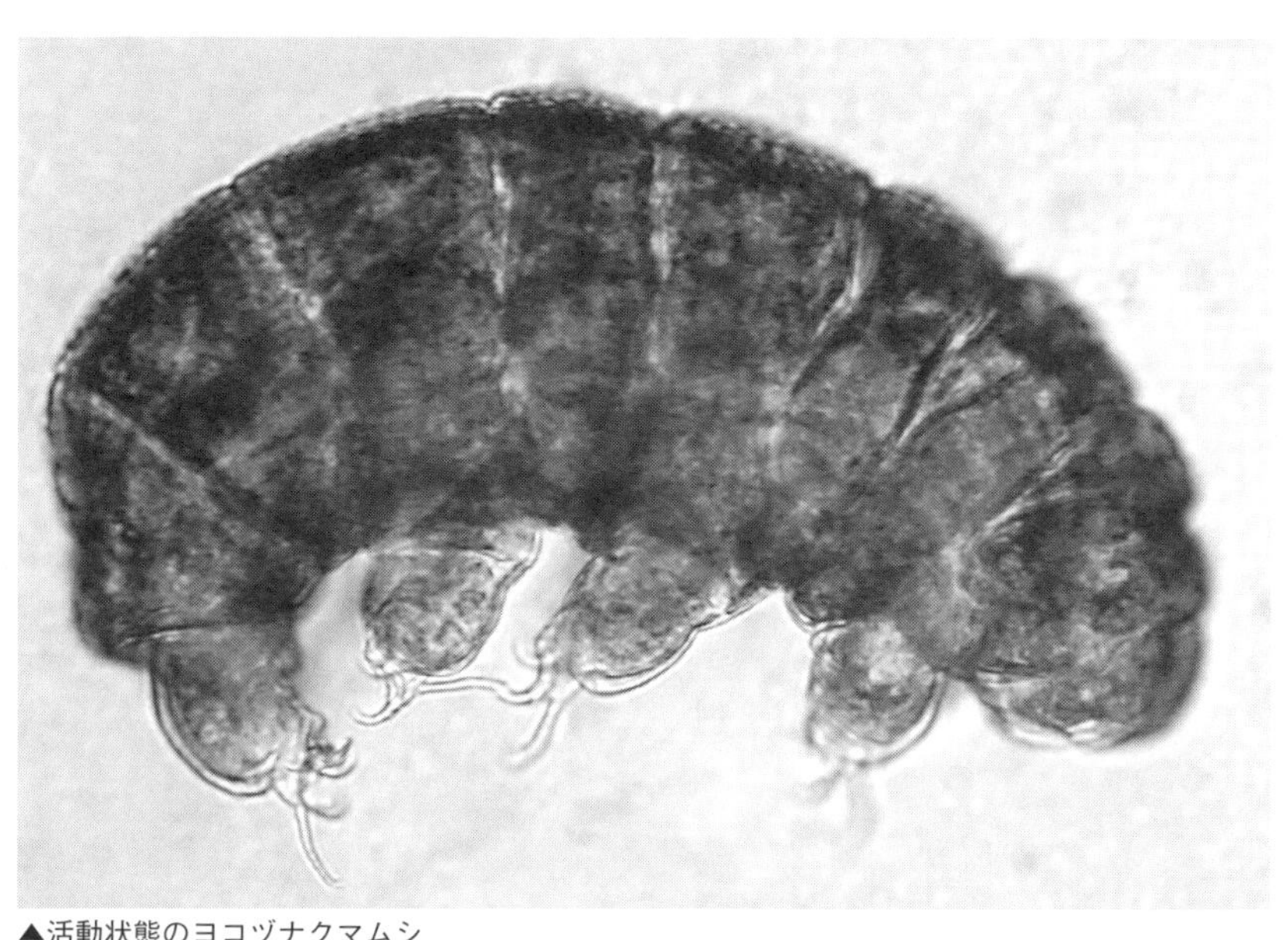

▲活動状態のヨコヅナクマムシ

活動する際には周囲に水が必要だ。降雨により水が得られる時だけ活動し、晴れてコケが乾けば、クマムシも乾いて眠りに入る。この乾いた眠りは乾眠（かんみん）と呼ばれる。乾眠状態となったクマムシの体の水分は三パーセント以下にまで低下し、一切の生命活動は停止する。カチカチの鰹節（かつおぶし）でも水分量は一五パーセントほどなので、乾眠状態のクマムシの干からび具合がいかに極端なものかお分かりいただけるだろう。カラカラになったクマムシは、給水により活動を再開する。

　さて、クマムシはコケの中にいると書いたが、どんなコケにもいるわけではない。著者はクマムシを見つけるために、いろいろなところからコケを採取してみたが、ふだんから水で湿っているような環境に生えるコケからは、クマムシがほとんど見つからなかった。その逆に、どう見ても生命力のない干からびたコケには、クマムシがいることが多い。

　ふつうに考えれば、水のある環境の方を、生物は好むはずである。なぜ、クマムシは、干からびたコケを好むのだろうか。

　その理由は、おそらく、こうだ。常に水のある環境に

乾眠状態のヨコヅナクマムシ
（撮影：堀川大樹、行弘文子）▶

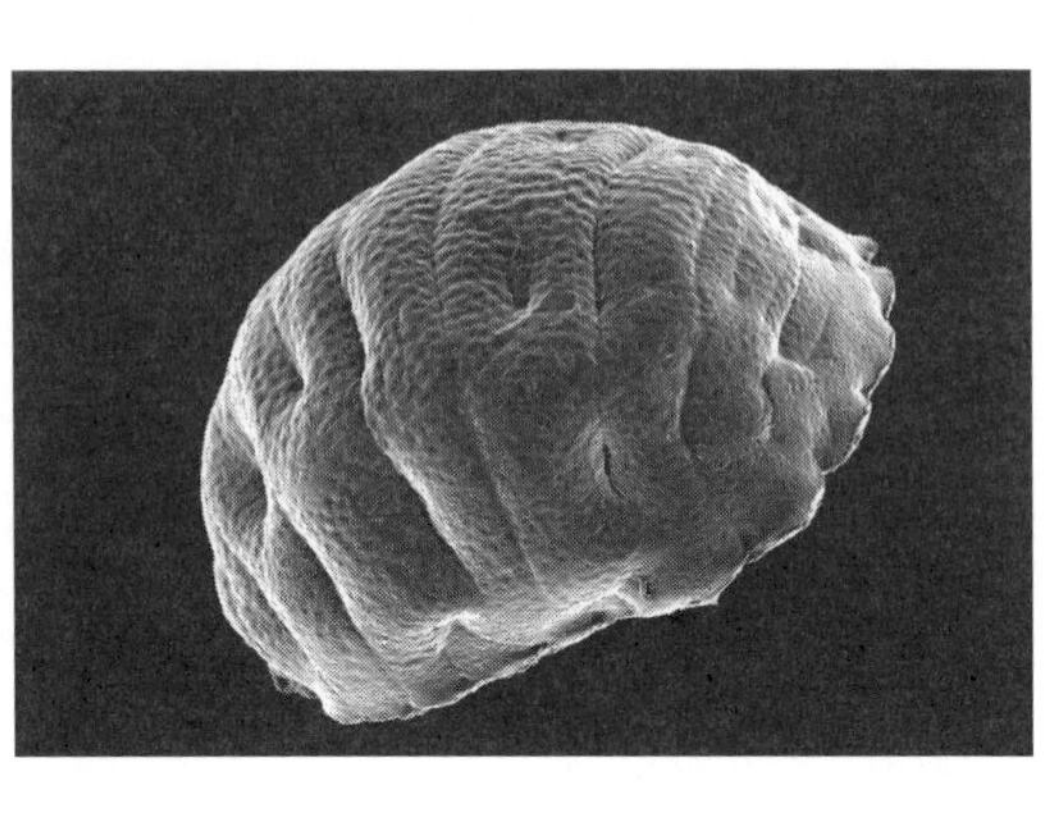

は、多くの生物種が存在するため、クマムシは同じ資源を奪い合う他生物に競争で負けてしまう。あるいは、クマムシを捕食するような天敵に遭遇する頻度も高いだろう。その一方で、カラカラのコケの中では、通常の水生生物が生活することはできない。降雨などで一時的に水が得られたとしても、晴れて乾燥してしまえば、このような生物は死んでしまう。

つまり、このような乾きやすいコケにすむクマムシは、競争相手と闘ったり、天敵に襲われないような環境を進化の結果として選択してきたのだと思われる。「乾いても死なない」という特殊な能力を身につけることで、高い参入障壁をつくりあげ、ニッチなマーケットを独占しているのだろう。これは、人間が生きる上で見習うべき部分でもある。

宇宙でも生きるクマムシ

そんなクマムシの特技といえば「耐えること」。乾眠状態のクマムシは、マイナス273度の超低温や、水深1万メートルの七五倍に相当する七・五ギガパスカルもの超高圧にも耐えることができる。また、ヒトの致死量一〇〇〇倍ほどの電離放射線を照射されても耐えるが、これは乾眠状態に限らず、通常の活動状態でも放射線耐性をもつ。さらには、宇宙空間の超真空環境にて一〇日間さらされた乾眠状態のクマムシが、地球に帰還後に復活した記録もある。

地球上には、上述のような超低温も超高圧も放射線も超真空も存在しない。なぜクマムシは、そこまで過剰な耐性能力を持つのだろうか。もしかすると、かれらは宇宙からやってきた生物なのだろうか。

残念ながらクマムシは宇宙生物ではない。クマムシが身につけた尋常でない耐性能力は、「おまけ」で身につけたものだと思われる。

クマムシは海が起源だと考えられている。当然だが、海の中は常に水で満たされているため、乾くことがない。そのため、海にすむ種類のクマムシには乾燥耐性がない。海にすむクマムシの中から乾燥に耐性をもつものが現れ、陸に進出してきたのだろう。

乾燥しても死ななくなると、超低温や超真空などへの耐性もおまけで身についてしまう。というのも、細胞は水を含んでいるがゆえに、これらの物理的なストレスを受けると壊れやすいのだ。だが、細胞からいったん水が抜けてカラカラになれば、ちょっとやそっとのストレスを受けても構造上の変化を受けにくい。カツオだって、プリプリの刺身は箸(はし)で容易に穴を開けることができるが、水が抜けて鰹節になれば包丁でも切るのも難しくなる。それと似たようなものだ。

では、クマムシの放射線への耐性能力はどのように獲得されたのだろうか。これも、乾燥耐性から派生した可能性がある。たとえば細胞が乾燥すると、生命の設計図であるDNAがバラバラに切断されてしまうことがわかっている。DNAがバラバラになれば、それは生物にとって致命的なものとなる。つまり、クマムシには、乾燥してもDNAを保護したり、修復したりする仕組みがあるはずである。

乾燥と同様に、放射線もDNAを切断する作用がある。そしてクマムシには、DNAに強く結合し、放射線を照射されても切断されないように保護するDsupという独自のタンパク質をもっていることがわかった。もしかすると、Dsupはクマムシが乾燥に対す

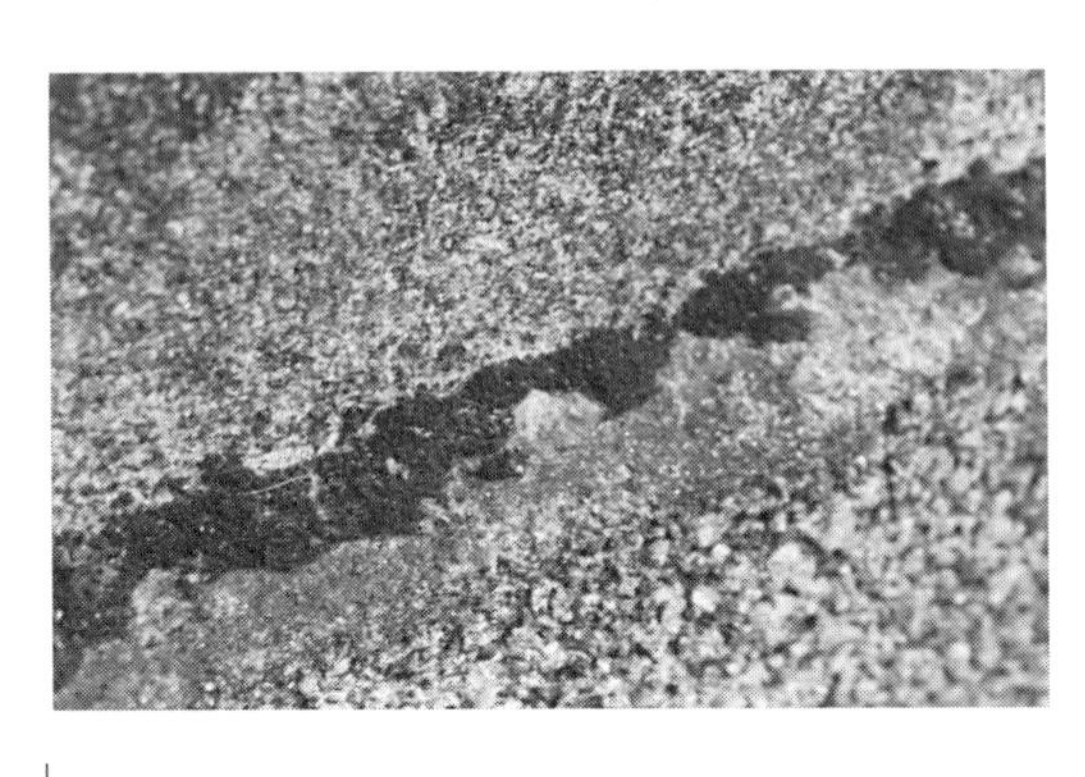

市街地で見られる干からびたコケ▶

る耐性を身につける過程でつくり出され、それが結果として放射線耐性の獲得にもつながったのかもしれない。

そして、宇宙。クマムシが宇宙空間の真空環境に耐えられることは、上述した通りだ。長期にわたる高線量の紫外線照射は、さすがのクマムシにも相当なダメージを与えるが、たとえばコケの中に入った状態の乾眠クマムシであれば、紫外線が遮蔽(しゃへい)されたまま宇宙空間を長らく生き延びることも可能かもしれない。むしろ宇宙環境の超低温と超真空は、細胞を構成する分子の運動や有害な化学反応の抑制するため、クマムシにとっては好適な環境とさえいえる。

隕石(いんせき)の衝突など、何かのはずみでコケに包まれたクマムシが地球外を飛び出し、かれらにとって好適な環境の惑星にたどり着いたとき、そこをさらなる生息地としてクマムシ・キングダムを構築するかもしれない。

■クマムシの生息環境へのアクセス情報（難易度・初級／超上級）

クマムシはその辺の道路や駐車場の隅に生えている干からびたコケ（ギンゴケなど）に生息する。ただし、乾眠状態では高度二八〇キロメートルの宇宙空間でも生存可能。ここにアクセスするには、なんとかしてロケットで行くしかない。

植物にとっての重力とは？ コケ、宇宙へ！

久米（くめ） 篤（あつし）
九州大学大学院
農学研究院
専門は
生物環境物理学

国際宇宙ステーションで宇宙飛行士が活躍している映像では、何といっても宇宙遊泳が印象的だ。映画「2001年宇宙の旅」で、宇宙旅行のイメージが一般に広く伝えられるようになって以来、無重力（正確には微小重力、マイクロGという）環境は、地上との環境の違いを意識させる象徴ともなっている。微小重力の宇宙空間（あるいは月や火星）では重さが軽くなる、というイメージは強いが、実は重たいものが軽くなるという重量感覚以外に、生物が生きていくうえで重要な要素が変化するのだ。その「重要な要素」を理解するために、まず中学理科の復習におつきあいいただきたい。

重さと質量

さて、中学の理科第一分野で、「質量」と「重さ」の違いについて学習したことを覚えておられるだろうか。そこでは、「質量」は「物質そのものの量」を表し、重さ（「重量」ということもある）は「物体にはたらく重力の大きさ」を表すと学ぶ。重力が地球の六分の一程度である月では、「重さ」も六分の一程度になる、という説明もあったことだろう。

上に述べた「重要な要素」には、重力が関係している。しかし、地球上の重力環境が生物や生態系に及ぼしている影響については、それほど意識されていないだろう。だが、もし地球の重力が異なっていたら、地球の生態系もいまと大きく異なっていたと考えられるのだ。

重力と浮力

宇宙飛行士は宇宙空間では宇宙服を着てさまざまな作業を行う。現在、国際宇宙ステーションの活動で利用されている船外活動宇宙服は一二〇キログラム程度の「質量」がある。当然、このような服を着て地上では活動できないので、訓練は水中で行われる。

陸上植物の祖先は水中から陸上に進出する過程で重力の増加に適応した、という表現をよく見かける。まるで、陸上と水中では重力に違いがあるかのようだ。しかし、よく考えればわかるように、地上でも水中でも重力はほとんど変わらず一Ｇである。水中では重力が変化するのではなく、重量が「浮力」によって打ち消されて、宇宙服にかかる下方向への「重さ」がなくなるだけなのだ。

◀水中で宇宙服を着用した若田光一宇宙飛行士（写真はJAXA提供）

したがって重さには浮力が重要ということになる。重力が同じ場所では、ある物体にはたらく浮力は、物体のまわりにある水や大気（「流体（りゅうたい）」とよぶ）の単位当たりの質量である「密度」によって決まり、周囲の流体の密度が高いほど強い浮力が生じる。流体よりも物体の密度が低ければ、物体は重力とは反対方向に浮き上がる。流体よりも物体の方が密度が高ければ、重力と同じ方向に沈む。真空でも破裂しない軽くて頑丈な風船に、ヘリウムや水素を詰めて風船を作ったとする。このような風船の密度は大気密度よりも低いため、地球上では上方に上っていくが、真空の（大気密度がゼロの）月面に持っていくと、あっという間に月面に落下してしまう。

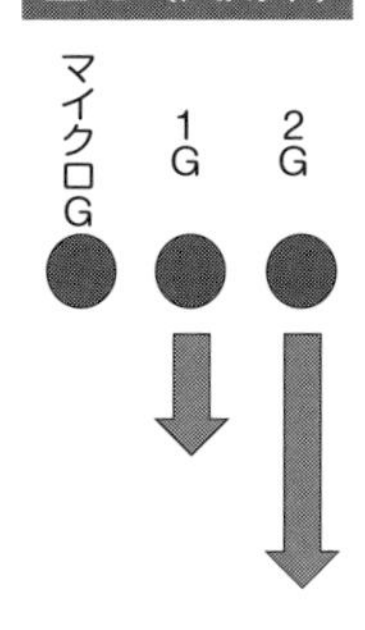

同じ質量でも，重力が大きい方が，強い力がかかる（重くなる）

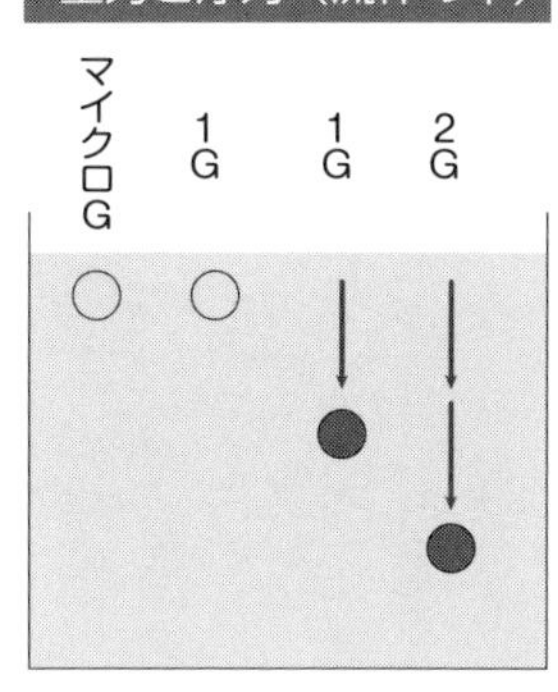

周囲と同じ密度だと，重力にかかわらず上下方向への移動は起こらない

周囲と比べて密度の高い物体は，同じ質量でも重力が大きい方が速く落ちる

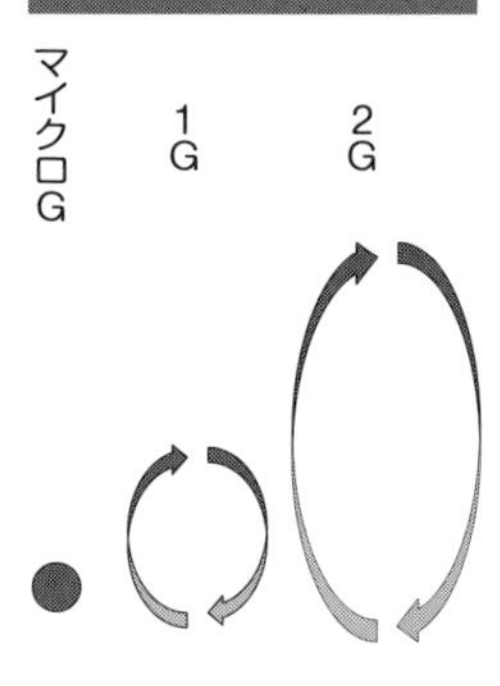

重力がなければ対流は起こらない。重力が大きくなるほど対流は促進される

では、流体と同じ密度の物体は？　重力と浮力が釣り合うため、流体の中に静止する。

植物が使う二酸化炭素はどこから？

植物は、光合成によって大気中から取り込んだ二酸化炭素を炭水化物（ブドウ糖やデンプン）に変化させ、成長に利用している。光合成の過程では、見かけ上取り込んだ二酸化炭素一分子あたり、一分子の酸素が放出される。光合成を効率的に行うには、二酸化炭素の取り込みが行われる葉の細胞表面の二酸化炭素濃度を高める必要がある。しかし、大気中の二酸化炭素濃度はとても低く、現在の地球上の大気の平均濃度四〇〇ｐｐｍなら、二五〇〇個の気体分子のうち二酸化炭素は一つだけという計算になる。光合成でこのわずかな二酸化炭素を酸素に転換し続けているのに、植物のまわりはなぜ二酸化炭素不足にならないのだろうか。昼間の光合成に必要な二酸化炭素の量は、夜間に呼吸によって放出される量の何十倍も必要なのだ。

光合成は葉に吸収された太陽の光によって駆動される。光合成で利用できる光の割合はほんの一部なので、太陽の光が当たると、そのほとんどは葉を暖めることに利用されてしまう。二酸化炭素を細胞内への取り込むのも、酸素を細胞の外へ放出す

◀パラボリックフライトで訓練中の日本人宇宙飛行士たち（写真はJAXA提供）

るのも、葉の内部の細胞（葉肉細胞）表面で行われる。ここは常に湿った状態に保たれている。葉が加熱されると、湿った細胞表面にある水が蒸発し、大量の水分子が葉の外に出て行く。そして、出て行った水分子の数だけ葉面温度は低く維持される。この現象を「蒸散」という。強い日射を受けて光合成を行うと蒸散が活発に起こり、吸収した二酸化炭素分子の数百倍の数の水分子が放出される。これらの分子は暖められているため周りの空気よりも密度が低いので、浮力を受けて重力と反対方向である上方に昇っていく。入れ替わりに、二酸化炭素を含んだ上空の冷たい（密度の高い）空気が降りてくる。このような気体の運動を「対流」と呼ぶ。

光合成に伴って吸収・放出される大量の気体分子は、植物群落上空の数百～数千メートルの高さまで、対流によって入れ替わっている。こうした気体の入れ替わりによって、植物周辺の気体濃度は維持されている。もし対流が起こらなければ、植物の光合成は大気中の二酸化炭素不足ですぐに止まってしまうし、地上の気温や湿度はとても高くなるだろう。

対流やそれに伴う空気の渦（乱流）は、基本的に日射による気体へのエネルギー（熱）供給とそれに伴う密度変化で生じる浮力によって発生する。そのため地球表面では、日射量の多い日中に大規模な対流が発生し、夜間には大気はほぼ静止状態となる。夏の夕立は、午前中に日射で暖められて浮力で上昇した大量の水蒸気が、大気上層で冷やされて密度が大きくなり、雨粒として一気に落下する現象だ。身近に見られる森や畑の光合成や大気－水循環は、一Gという重力によって生じる浮力と、日射エネルギーによって起きているのである。

空の上の実験

浮力の発生は重力の大きさに依存するため、同じエネルギー量が供給された場合でも、無重力であれば浮力は生じず、そのため対流も発生しない。一方、重力が大きい環境では浮力も強くなり対流もより活発化する。すると、その対流によってかき回される周囲の気体の量も増えて、乱流の発生も増加する。このように気体分子の移動が活発化すると、植物表面からの気体交換も促進される。

重力が対流過程に与える影響の大きさは、パラボリックフライト（放物飛行）での実験によってはっきりと示されている。パラボリックフライトとは、飛行機で最大速度に加速して急激に機首上げを行って急上昇した後、エンジンをアイドリング状態にして、放物線を描くように飛行（落下）する飛行法だ。すると、落下中に約二〇秒間の微小重力状態をつくり出すことができる。ジェットコースターの下りでも体がふわっと浮くような感覚があるが、パラボリックフライトは、レールのないジェットコースターの長い下り坂というような感じであろう。この飛行中に、飛行機内で植物に強い光を当てて葉温と光合成速度の変化を測定したところ、落下状態に入って一・〇Gから〇・〇一Gに移行すると、光合成速度が二割近く低下した。つまり、重力が小さくなって対流が止まると、光合成や蒸散が起こりにくくなるのだ。パラボリックフライトの急上昇中には、逆に重力が二・〇Gと大きくなる段階がある。このときには対流が促進され、葉温は低下し光合成速度も増加した。また、ファンで風を送って葉の表面近くの気体分子の動きを活発化させる、つまり人工的に対流を起こすと、浮力の違いによるガス交換効率の変動影響がほぼ解消できることもわかった。

植物の細胞内でも

重力にともなう浮力の発生は、細胞内の現象にも大きな影響を与える。植物には、根が重力方向に向かって成長したり、芽が重力とは反対の方向に伸びたりする性質がある。これには、周囲の細胞質と比べて密度の高いデンプン粒がかかわっている。密度が高くて「重い」デンプン粒が沈んだ方向が「下」である、と細胞は判断するのだ。沈む速度は重力によって決まるので、植物を宇宙の微小重力環境下で発芽させると方向がわからなくなり、根が培地のない上の方などさまざまな方向に伸びていく。先に、宇宙飛行士が水中で訓練を受けることを紹介したが、水中では上下感覚がある。これは、上下感覚がなくなる宇宙との大きな違いだ。実際、ふだん水中で生活しているメダカは、そのまま宇宙空間に連れて行くと水中で姿勢を維持できなくなる個体が多数出てくる（宇宙生まれのメダカは問題ない）。

また、細胞内で起こる原形質流動によって葉緑体などが移動する場合には、重力変化は浮力を通じて移動速度に影響する。シャジクモという藻類の細胞観察では、下り（重力方向）の方が上りに比べて一〇％ほど流動速度が高くなることが報告されている。重力変化

原形質流動とは？

細胞の内部で、原形質（核とミトコンドリア、葉緑体などの細胞質）が流れるように動く現象。細胞内での物質の輸送に関係していると考えられ、原形質流動がさまたげられると成長も阻害されることがわかっている。

によって原形質流動が変化すると、成長速度にも影響するかもしれない。

スーパーアースの生態系

このように、重力の違いは、浮力の違いを通じて生物活動に非常に大きな影響を与えている。はじめに述べた「重要な要素」とはこの浮力のことだ。その重要性は、国際宇宙ステーションや月、火星などの惑星での植物栽培だけでなく、スーパーアース（巨大地球型惑星）として注目を集めている太陽系外惑星の生態系を推測するためには、その環境の重力を前提とした気体循環を考慮する必要があることを考えれば理解できるだろう。

過去の地球は大気中の二酸化炭素濃度が非常に高く、気体の出入り口である葉表面の気孔の数が少なく、葉からの蒸散が制限されていたこと、そして、小さな葉を持った植物しかなかったことが化石資料によって示されている。その後、二酸化炭素濃度が低下すると気孔の数が増え始め、蒸散が活発化して葉の冷却効率が上がり、大きな広葉を持つ植物が進化してきたという研究がある。もし、地球の重力がスーパーアースのように大きければ、活発な対流によって葉の熱放散が促進され、植物の葉は現在とは異なる進化をしていた可能性が高い。

宇宙でのコケ栽培、スペース・モス

国際宇宙ステーション日本実験棟「きぼう」には、小型の植物栽培装置が設置されており、マイクロG実験区、宇宙一G対照区（重力を地球と同じ一Gに調整した区画）、地上対照区（地上で同じ実験を行う）で比較栽培実験が行える。これまで、光合成過程を含んだ植

物栽培実験には、シロイヌナズナという、遺伝的な性質がよくわかっているアブラナ科の植物が主に使われてきた。しかし、実験スペースが極めて限られた宇宙ステーションでは、高さ一〇～三〇センチメートルほどのこの小さな植物の栽培空間すら十分に確保できない。狭い宇宙ステーションのギリギリの実験スペースで研究を進めなければならないのだ。そこで私たちは、「スペース・モス」という研究グループを結成し、ヒメツリガネゴケというコケを利用した宇宙栽培実験を行う準備を行っている。ヒメツリガネゴケは茎や葉の構造が単純で、成長しても高さ二センチメートル程度と小さい。遺伝的な性質もよくわかっているうえ、コロニー状にまとまって増えていくため、個体から群落レベルまでの研究を宇宙船内で行うのに適している。

これまでに、地上実験用に栽培ポットごと回転させて遠心力を加えながら光を当てて栽培する栽培装置を開発した。この装置では、遠心力によって重力を大きくした環境を人工的につくり、栽培実験を行うことができる。これを用いて、地球の一〇倍の重力環境、一〇Gで栽培したところ、コケの外形や葉緑体の形が変化し、効率よく光合成を行うようになり、成長も大幅に増加するという結果が得られた。現在、遺伝子のはたらきの変化も含めたさまざまな角度から解析を進めている。

これとは逆のマイクロG環境では、コケの成長はどのように変化するのだろう。宇宙ステーションでの微小重力実験は、植物の重力応答を解明するうえで非常に重要で、現在、最終実施準備段階にある。さらには、微小重力ほど重力が小さくない、〇・五G程度の「パーシャルG」環境についても、実験計画を申請している。

惑星の質量や大気の濃度が違うと、違う形の生態系ができそうだ。地球の生物進化

1Gと10Gで培養したヒメツリガネゴケ。▲は仮根（根に相当する部分）。（写真は富山大学 蒲池 浩之博士提供）▶

における重力影響は、地球の歴史や広大な宇宙の星々の環境を考えることで初めて理解できる。

■国際宇宙ステーションで実験を行うには？（難易度・中級）

国際宇宙ステーションを利用して自分のテーマで宇宙実験を行うためには、宇宙航空研究開発機構（JAXA）の研究テーマ募集の審査を通過し、その後の準備期間を通じてさまざまな審査を通過し、採択テーマになる必要がある。自分自身が宇宙飛行士になって宇宙に飛び立つという手段もあるが、その場合は世界の研究者のさまざまな研究テーマのための実験を行う非常に重要な任務を担うため、自分の研究を行う余裕はほとんどなくなる。「スペース・モス」研究グループでは、宇宙での実験を続けることを目指し、植物栽培技術開発に向けた研究提案を続けている。

■宇宙へ行くには？（難易度・上級）

スペースシャトルの運用が終わった現在、宇宙に行くには、ロシアのソユーズ宇宙船が利用されている。そのため、宇宙への出発はロシア経由となっている。日本の宇宙ステーション補給機「こうのとり」も活躍しているものの、残念ながら人は乗れない。

現在、世界各国の宇宙機関やスペースX社のような民間企業によって月や火星の探査計画が進められているが、有人探査については二〇三〇年代以降になる見通しだ。また、将来的には、中国の宇宙ステーションが利用されるようになる可能性もある。

生物学者、地球を行く
まだ知らない生きものを調べに、深海から宇宙まで

2018年4月30日　初版第1刷発行

編　者　日本生態学会 北海道地区会
責任編集　小林 真・工藤 岳
発行人　斉藤 博
発行所　株式会社文一総合出版
〒162–0812　東京都新宿区西五軒町 2–5　川上ビル
TEL: 03–3235–7341
FAX: 03–2369–1402
郵便振替　00120–5–42149
印刷所　モリモト印刷株式会社

2018 ©The Ecological Society of Japan, Hokkaido Branch
NDC468 A5 判 148 × 210mm 228P
ISBN978–4–8299–7107–9
Printed in Japan

JCOPY <(社) 出版者著作権管理機構 委託出版物>　本書の無断複写は著作権法上での例外を除き禁じられています。複写される場合は、そのつど事前に、(社) 出版者著作権管理機構（電話 03-3513-6969、FAX 03-3513-6979、e-mail：info@jcopy.or.jp）の許諾を得てください。